故宮裏的大怪獸

MONSTERS IN THE FORBIDDEN CITY

8 木之精靈

常怡 著

中華教育

故宮裏的大怪獸⑧

木之精靈

常怡／著
麼麼鹿／繪

責任編輯 梁潔瑩
裝幀設計 陳淑娟 池嘉慧
排版 池嘉慧
地圖繪製 蔣和平
印務 劉漢舉

出版 中華教育
香港北角英皇道四九九號北角工業大廈一樓B
電話：（852）2137 2338
傳真：（852）2713 8202
電子郵件：info@chunghwabook.com.hk
網址：http://www.chunghwabook.com.hk

發行 香港聯合書刊物流有限公司
香港新界大埔汀麗路三十六號
中華商務印刷大廈三字樓
電話：（852）2150 2100
傳真：（852）2407 3062
電子郵件：info@suplogistics.com.hk

印刷 美雅印刷製本有限公司
香港觀塘榮業街六號海濱工業大廈四樓A室

版次 2020年9月第1版第1次印刷

規格 32開（210mm×153mm）

ISBN 978-988-8676-50-7

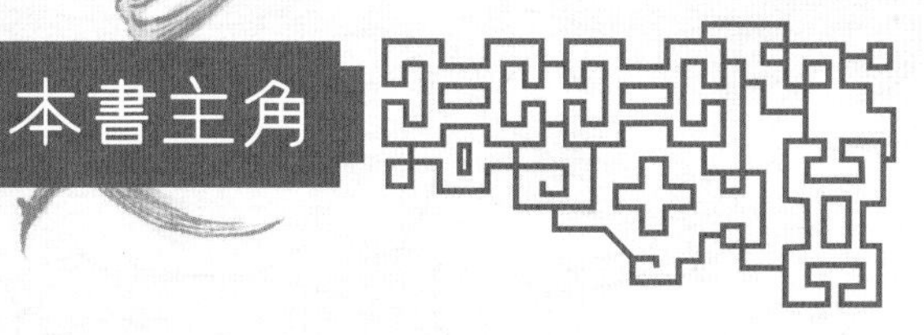
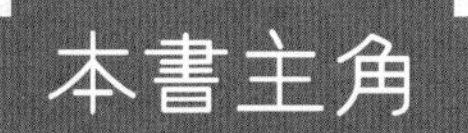

本書主角

李小雨

因為媽媽是故宮文物庫房的保管員，所以她可以自由進出故宮。意外撿到一枚神奇的寶石耳環後，發現自己竟聽得懂故宮裏的神獸和動物講話，與怪獸們經歷了一場場奇幻冒險之旅。

梨花

故宮裏的一隻漂亮野貓，是古代妃子養的「宮貓」後代，有貴族血統。她是李小雨最好的朋友。同時她也是故宮暢銷報紙《故宮怪獸談》的主編，八卦程度讓怪獸們頭疼。

楊永樂

夢想是成為偉大的薩滿巫師。因為父母離婚而被舅舅領養。舅舅是故宮失物認領處的管理員。他也常在故宮裏閒逛，與殿神們關係不錯，後來與李小雨成為好朋友。

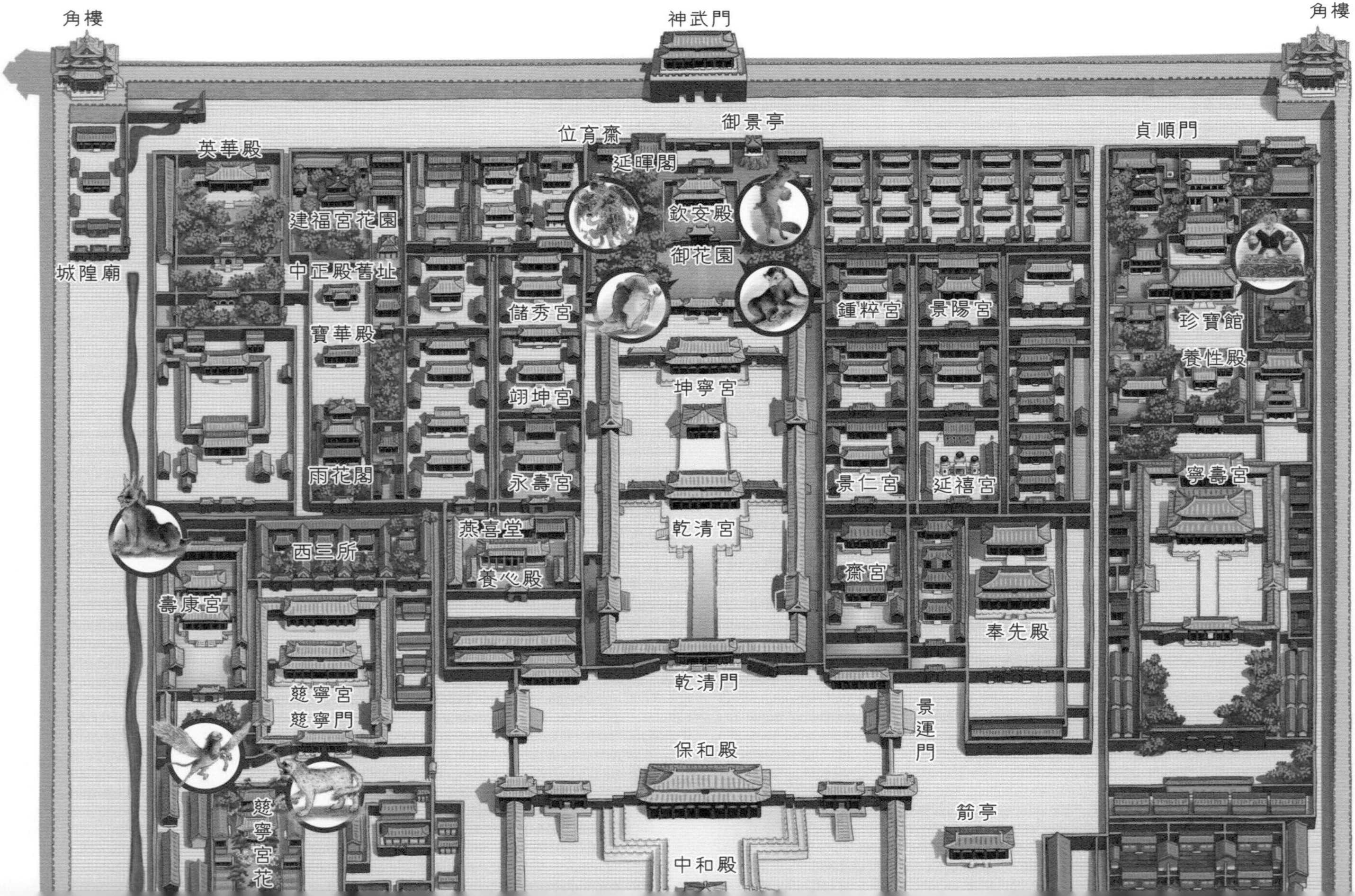

角樓
神武門
角樓
位育齋
御景亭
貞順門
英華殿
延暉閣
欽安殿
建福宮花園
御花園
城隍廟
中正殿舊址
儲秀宮
鍾粹宮
景陽宮
珍寶館
寶華殿
養性殿
坤寧宮
翊坤宮
雨花閣
永壽宮
景仁宮
延禧宮
寧壽宮
燕喜堂
乾清宮
西三所
齋宮
養心殿
壽康宮
奉先殿
乾清門
慈寧宮
慈寧門
景運門
保和殿
箭亭
慈寧宮花
中和殿

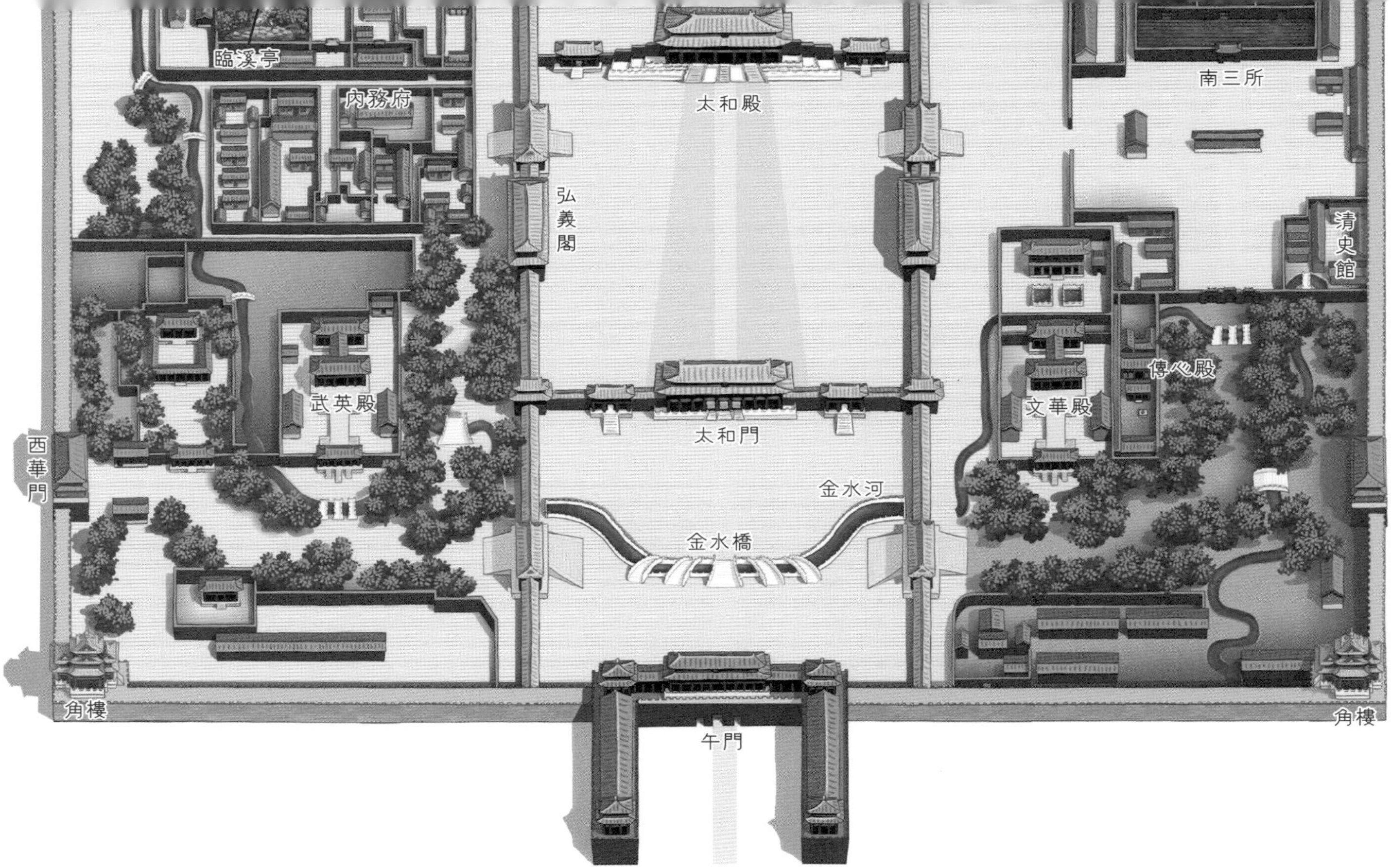

故宮怪獸地圖

角色檔案

彭侯

樹木的精怪，傳說吃了可以闢邪。他長着人臉、狗身，身披黑色短毛。他的聲音具有魔性，人類很容易被迷惑。

黃大仙

住在御花園四神祠裏的黃鼠狼精，善於變化成各種樣貌。因為施法讓漱芳齋戲台消失而被故宮裏的怪獸們追捕。

雙雙

長着三個頭的怪獸。三個頭都長着老人般的面孔，巫婆般的大鼻子，頭上頂着粗樹枝般的獨角。三個頭共用一具獅身，身後拖着狗尾。因為不甘心共用一個身體，三個頭經常吵架。

魔術人

魔術人鐘裏的機械魔術師，因為能變多種魔術而聞名於世。他總是從魔術人鐘裏逃跑，居然是因為愛情。

角色檔案

貘

身體像熊的怪獸。他長着象鼻、犀牛眼、獅子頭和老虎腳，白色的皮毛上有黑色的斑紋。這個從不傷人的怪獸居然襲擊了李小雨。

鄧天君

雷霆欻火律令大神炎帝鄧天君，欽安殿裏的十二位雷神之一。他掌管着五方蠻雷，喜歡遨遊太空，吞吃鬼怪和懲罰惡人。

角色檔案

孰湖

除了長着人臉和蛇尾以外，其他地方都十分像天馬的怪獸。因為喜歡馱人而冒充天馬出租車，被天馬狠狠教訓了一頓。

乘黃

長得很像狐狸，但體形比狐狸大得多的怪獸。他的後腦勺上長着一根角，後背上長着兩根角。他四肢強壯，善於奔跑，非常固執地想當李小雨的坐騎。

目　錄

1
木之精靈

當桂花的芬芳飄溢在故宮的宮殿間和花園裏時，怪事突然發生了。

剛開始是一個年輕男人，名叫何川，從名牌大學畢業後，在御花園裏的摛藻堂書店工作了幾個月。他是個帥氣的小伙子，雖然個頭不高，但身材很挺拔。

我還記得，我第一次在摛藻堂書店碰到他時，他笑嘻嘻地和我打招呼的樣子。大家都說，他是個樂觀、開朗的人。所以，當我聽說何川的精神出現了問題，他可能需要休息一段時間時，我簡直不敢相信。

「到底是甚麼精神問題？」我問楊永樂。無論故宮裏發

生甚麼事情，他總能比我知道得多一些。

「他對所有人說，他是一棵樹。」

「一棵樹？」

楊永樂的回答出乎我的意料。

「是的，奇怪吧？」楊永樂也覺得不可思議，「他居然會覺得自己是一棵樹！」

「甚麼樣的樹？」

「這他倒沒說。」楊永樂說，「但他自從說自己是樹後，就甚麼事情都不做，整天坐在御花園裏曬太陽。有人問他能不能幫忙搬書，他卻回答他不能進屋，也不能動，因為他是樹。樹要做的事情就是喝水、吸取養分和曬太陽。這是我聽過的最離譜的事情了。」

「不比怪獸們離譜。」我說，「我真想知道他怎麼會變成這樣的。上星期我還見過他，那時候他看起來很正常。他有沒有看過這個病？」

「故宮書店裏的人帶他去過醫院了。不過醫生也沒有甚麼好辦法。醫生說自己從沒見過這樣的病例，需要好好研究一下。」

「他會不會是遇到甚麼不好的事情了？」我問。電影裏經常有人受到強烈刺激後精神失常。

「沒有。何川就住在故宮的單身員工宿舍裏。和他同

屋的人說，他之前沒有任何反常，也沒聽說他受到甚麼打擊。摛藻堂書店裏的工作壓力不算大，他還是個新人，沒有交給他太多的工作，所以……」楊永樂壓低聲音說，「我覺得他可能是在找藉口偷懶。如果我能甚麼都不幹，不用上學，不用寫作業，我也願意說自己是棵樹。」

「何川和你可不一樣，他不像是愛偷懶的人。」我輕輕搖着頭。

楊永樂不服氣：「你怎麼知道？我們認識他的時間並不長。」

「我就知道。」

從失物招領處出來，我朝着御花園走去。五點鐘剛過，天還亮着。初秋的天氣依然很熱，陽光明媚，白天也很漫長。

我花了點時間才找到何川。他不在書店，書店裏的人說他只在院子裏待着。我是在一對連理樹後面找到他的。他坐在樹下，仰望天空，樹梢上已經泛黃的樹葉閃着濕潤的光。

我直接走到他身邊。

「喂！你在幹甚麼？」我問。

何川回過頭，微笑着看向我：「李小雨，你怎麼來了？」

「我聽說你身體不舒服。」

「沒有啊，我從來沒有感覺這麼舒服過。」何川拍了拍身邊的空位，「和我一起曬太陽吧，可舒服了。」

我挨着他坐下。太陽慢慢朝西方移動，何川的臉像向日葵一樣追着陽光。

「你真的變成了一棵樹嗎？」我好奇地問。

「是的。這真是讓人高興的事。」他說。

「到底發生了甚麼，讓你變成了一棵樹的？」

何川沒有回答，一隻麻雀落在他頭上，他開心地笑了。

「你是不是遇到甚麼傷心事了？」我接着問。

他還是沒有回答。他只關心那隻在他肩膀上蹦來蹦去的麻雀，還任由麻雀拉屎在他身上，連擦都不去擦，彷彿他真的只是一棵樹。

「好吧。」我歎了口氣。何川不是楊永樂，他是成年人，是大人。如果大人們打定

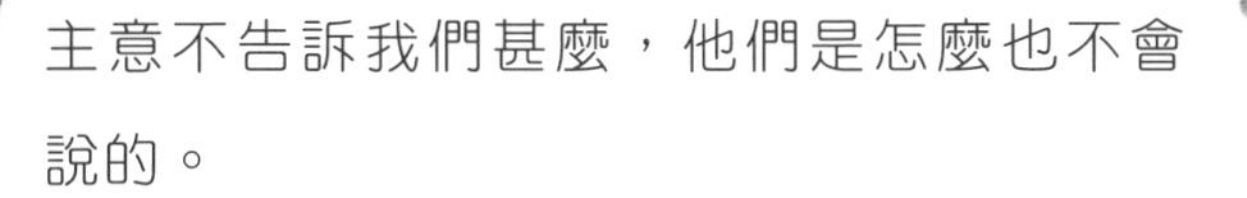

主意不告訴我們甚麼，他們是怎麼也不會說的。

「那我能再問你一個問題嗎？」沒等他點頭，我就張口問，「你打算曬一輩子太陽嗎？其他甚麼事情也不做的話，你費那麼大力氣去學習，考進名牌大學，這些努力不都白費了嗎？」

「我知道啊。」何川點點頭，「現在想想，那些努力真的很可笑。」

「可笑？」我吃了一驚，「怎麼能說可笑？我的夢想就是能像你一樣考進名牌大學呢！」

「可你知道我現在在想甚麼嗎？」

「想甚麼？」

「小鳥和蟲子才是最可愛的。」他肩膀上的麻雀「呼」地飛走了。

他瘋了！他真的瘋了！我瞪大眼睛看着眼前這個年輕人，他的表情安靜得就像是一棵樹。在他身上到底發生了甚麼？

很快，我就聽媽媽說，何川辦理病假手續，回自己南方的家鄉去養病了。但是沒過兩天，又有人說自己是一棵樹。這次不再是一個人，而是兩個人！這兩個人和何川一樣，是擒藻堂書店的員工。不同的是，她們都是女性。

「難道是傳染病嗎？」我聽到媽媽在電話裏問書店負責人徐阿姨，「是不是要隔離一下呢？」

故宮裏一下子亂了套。擒藻堂書店只能暫時關閉，所有的員工都在員工宿舍裏被隔離起來。

「好可怕。」徐阿姨對我媽媽說，「她們每天甚麼事情都不做，無論怎麼勸，她們都不會理你。就算把她們拖回屋子裏，她們也只是睡覺，連自己的孩子都不看一眼。那個小張，已經在書店工作七八年了，孩子剛剛上幼兒園，實在可憐。」

「去醫院精神科看過了嗎？」媽媽問。

「醫務室幫忙聯繫了國內最好的精神科專家，我陪着她們去的。她們倆一開始甚麼都不說，後來專家對小張進行了催眠。被催眠後，小張才承認，是有人把她變成樹的。因為既要工作，又要照顧年幼的孩子，小張一直感到很焦慮。那個人告訴她，變成樹就可以不再焦慮，並且擺脫她生活裏所有的煩惱。」

「那個壞人是誰？」媽媽着急地問。

「不知道，小張說他就住在御花園裏。可是御花園裏怎

麼可能有人住呢？肯定是她的幻覺。」

住在御花園裏？聽到這句話，我的心裏「咯噔」一下。御花園裏的確不可能住人，但是那裏卻住着花仙、樹精和神仙。難道這是哪個精靈或者神仙的惡作劇？

這麼一想，我就坐不住了。我必須去找楊永樂和野貓梨花，等到天黑我還要去找一趟斗牛或者龍。總之，故宮裏不能再有人想變成樹了。

當我和楊永樂帶着梨花來到御花園時，天已經黑了。白天充滿陽光和花香、熱熱鬧鬧的花園此刻被籠罩在黑暗和寂靜中，空氣也開始變得涼爽。

「寶相花街今天怎麼沒有聲音？」我問梨花。

「喵——你不知道嗎？每年這個時候狐仙集市都會閉市一個星期。在冬天來臨之前，動物們需要時間去尋找並儲存糧食，為過冬做準備。」梨花回答。

我們沿着欽安殿的紅牆，朝着摛藻堂的方向走去。和平時相比，御花園今天似乎有些不一樣。是氣味嗎？我吸吸鼻子，空氣中的確流淌着一股我不熟悉的香味，那味道有點像我姥姥家的樟木箱子的味道。不過，這並不能說明甚麼，在花季沒有結束前，香味在御花園裏是再正常不過的味道。

我們走到摛藻堂前，仔細觀察着周圍的情況。

「喵——遮蔭侯這是怎麼了？」梨花發現了甚麼，走到一棵古柏樹前面，吃驚地打量着它的樹梢，「怎麼看起來快要枯萎了呢？」

「不可能吧？」我和楊永樂也走到古柏樹前面。

這不是一棵普通的古柏樹，它是故宮裏年齡最大的古樹。二百多年前，它被乾隆皇帝親封為「遮蔭侯」。乾隆皇帝還專門為它作詩一首，詩裏面說這棵柏樹在那時候就已經四百歲了。所以，故宮裏的人都猜，遮蔭侯活到今天應該超過六百歲了。除了年齡大，遮蔭侯也是御花園裏最受尊重的樹精。我們經常碰到他在御花園裏散步，其他的樹精、花仙都會主動退讓，為他讓出道路。但是，我已經好久沒聽到他的消息了。此刻，遮蔭侯的樹梢上掛着枯黃的枝葉，只有頂端的葉子還有一些綠色。它的樹幹也變得乾枯，深深的裂縫成了甲蟲們的樂園。

「喵——遮蔭侯？您在嗎？」梨花用爪子敲敲樹幹。

沒有動靜。

「喵——您睡着了嗎？」梨花湊上前聞了聞樹幹。忽然，她跳起來退了好幾步，身上的毛都炸了起來。

「你怎麼了？」我被嚇了一跳。

梨花沒有理我，她的後背拱起，眼睛緊緊盯着古柏樹。

「誰在裏面？出來！喵——」

梨花的話音還未落，古柏樹的樹幹裏就「唰」地射出一道光，光把樹幹照得透明起來。光線越來越寬，樹幹透明的地方也越來越多。很快，樹幹上露出一塊穿衣鏡大小的、透明的地方。從那裏，我們能看見一個黑乎乎的怪獸端坐在古柏樹的樹幹裏面。

他長着像狗一樣的身體，身披黑色的短毛，身後沒有尾巴。我從來沒在故宮裏見過這個怪獸，更別提知道他的名字了。

梨花也愣住了，過了半天才反應過來，尖聲問道：「喵——你是誰？怎麼會待在這棵古樹裏？這棵樹裏原來的樹精呢？」

「我就是這棵樹的樹精，否則我怎麼會待在這裏？」怪獸回答。

「我認識它原來的樹精，不是你！喵——」

「是的，原來不是我，但現在是了。這棵樹的樹精離開了，這棵樹現在歸我了。」怪獸微微一笑。他的聲音讓我產生了一種奇怪的感覺，那音調似乎有種魔力，讓人忍不住去相信他的話。

「哦，對，你是這裏的樹精。喵——」梨花立刻被這音調迷惑了。

「不，別被他迷惑！」楊永樂把梨花抱起來，捂住她的

耳朵，「彭侯最善於用聲音迷惑人了。」

「你說他叫彭侯？」我吃驚地問。

「如果我沒認錯，他應該就是彭侯。」楊永樂目不轉睛地看着那個怪獸說，「《白澤圖》裏說，他是樹木的精怪，人吃了他可以闢邪。」

「真沒想到你居然認識我。」彭侯緩慢地抬起眼皮。他微微一動，就毫不費力地站了起來，動作流暢而快速。

「我不但認識你，我還知道你是從哪裏來的。」楊永樂接着說，「雖然很多古籍中都有關於你的記載，但真正有你形象的只有《獸譜》第二冊。你是從《獸譜》裏來的。」

「不，你說錯了。我從樹木中來，是古樹們養育了我的精魄。樹木才是這世界上最無私、優雅的生物。它們為動物和人類提供新鮮的氧氣、食物和木材，自己卻只需要陽光、空氣、土壤和雨露。樹是最好的生物。」

「你是樹木的精怪，難道摛藻堂書店裏的人是被你變成樹的？」我問。

我努力保持着清醒，雖然此刻我的腦袋暈暈的。

「我沒有把任何人變成樹，他們是在和我聊天以後，自己想變成樹的。雖然聽起來似乎不可能，人類需要水、食物和睡眠才能生存。但是改變大腦裏的想法是可以的，你們可以認為自己是棵樹，然後像樹一樣生活。時間長了，一切人類的煩惱就會遠離你，你會如樹一般優雅、長壽，與世無爭。」彭侯一邊說，一邊從透明的樹幹裏走了出來，腳步沒有發出一點聲音。

我感覺自己就要被他說服了。當一棵樹，每天呼吸新鮮空氣，扎根於溫暖的土壤裏，接受陽光和雨露的滋潤，不用去努力，也不會有煩惱。這聽起來真不錯。

我閉上眼睛，不知不覺地聞到了泥土的香味，聽到了風吹樹葉的沙沙聲，此外，還有蟲子搧動翅膀的聲音……啊，當一棵樹真好啊……

「喂！醒醒，小雨！醒醒啊！」

是誰在我耳邊這麼大聲地嚷嚷啊？好像是梨花的聲音。這隻煩人的野貓！我不高興地睜開眼睛，發現自己正躺在潮濕的草地上。一個頭上長着獨角、全身黝黑的大怪獸站在我身邊，他的眼睛裏閃着紅光，嘴裏叼着甚麼東西。

我揉揉眼睛，是獬豸！他怎麼來了？等等！他嘴裏叼的不是……不是……彭侯吧？

沒錯，那就是彭侯。他安靜地待在獬豸嘴裏，曲起一條後腿，既不掙扎也不喊叫，就像一根樹枝，好像他早已習慣了被別的怪獸叼在嘴裏的狀態。

「獬豸？你怎麼在這兒？」我坐了起來，渾身僵硬。

獬豸沒回答。顯然，他嘴裏的彭侯讓他沒法張口回答

我的問題。

「是龍大人派獬豸來的。你不是讓鴿子小二黑傳信給龍大人了嗎？喵——」梨花說。

我眨眨眼睛，啊，對了！因為沒在雨花閣裏找到龍和斗牛，在來御花園前，我讓小二黑幫我帶口信給他們。

「喵——幸虧獬豸大人來得及時。」梨花崇拜地看着這個威嚴的怪獸，「否則，你們倆就要變成樹了！」

我這才發現，楊永樂半躺在離我不遠的泥地裏，一副剛睡醒的樣子。

「謝謝你，獬豸！」

獬豸衝着我們微微點頭，叼着彭侯騰空而起，不一會兒就消失在夜空中。

「獬豸會帶彭侯去哪兒？」楊永樂問梨花。

「他會有辦法讓彭侯回到《獸譜》裏的，喵——不過，要想《獸譜》裏的怪獸不再跑出來惹麻煩，你們最好快點找到文文，把《獸譜》再封印起來。」梨花揚起尾巴，打了個大大的哈欠，「今天晚上我又要連夜寫新聞了。」

我突然想起來了甚麼：「糟糕！那些被彭侯施了魔法的人怎麼辦？何川他們不會永遠那個樣子了吧？」

「喵——你們身上的魔法都消失了，他們也應該沒事了。」梨花邊說邊朝着坤寧門走去。

太好了！我鬆了口氣，從柔軟的草地上站起來。不知道從哪裏飄來一股烤肉的香味，我肚子裏立刻發出「咕咕」的響聲。

「吃飯去吧！」我對楊永樂說。於是，我們一起向食堂走去。

雖然做一棵樹也不錯，但還是做人更好一些，畢竟樹不能吃烤肉啊。

故宮小百科

擒藻堂：擒藻堂坐落在御花園內堆秀山東側，歷來都是宮中藏書的地方。乾隆年間，《四庫全書薈要》曾貯藏於此。現在擒藻堂也是故宮博物院開放區內其中一間故宮書店。

彭侯：彭侯是傳說中一種人面狗身、住在千年樹木的妖怪。《搜神記》中記載着這樣一個故事：三國時期的吳國有一個叫陸敬叔的太守。一天他派人砍大樟樹的時候，樹幹居然在流血。有一隻人面狗身的怪物從斷樹中出現。敬叔說牠叫作彭侯，後把牠烹煮來食用。

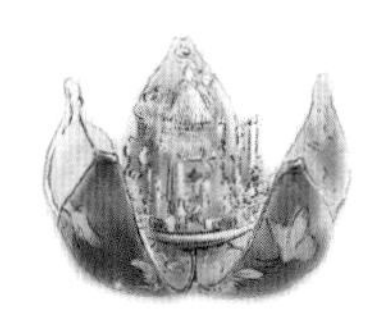

2
藏有祕密的石榴

初秋的假期過後，寶相花街的狐仙集市又恢復了往常的熱鬧。動物商販們扯着脖子叫賣自己的商品，以免其他的叫賣聲把自己的聲音蓋住。他們恨不得把街上每一個路過的動物、怪獸、神仙都拉到自己的攤位前。

我和楊永樂寫完作業後來集市上閒逛。我們正在狐狸的攤位上試吃最新推出的睡蓮味雪糕，突然發生了一陣騷亂。

一大羣怪獸擠進寶相花街，並且封鎖了所有的出口。天馬和海馬分別守在街道兩端，狻猊守在坤寧門前，斗牛和獬豸在街上巡視，就連朝天吼都出動了，這讓我有些

意外。

「注意！狐仙集市上所有的黃鼠狼請注意，請暫時不要隨意走動，我們要進行安全檢查！」斗牛大聲說，他的牛蹄踏在石子路上發出響亮的「啪嗒、啪嗒」聲。

街上的黃鼠狼們不安地交換着眼神，小聲嘀咕着。其他動物則鬆了口氣。

「發生了甚麼事？」一隻黃鼠狼焦急地問，「為甚麼只檢查黃鼠狼？」

「大家不用慌張，我們只是在找一名逃犯。她很危險，身上還攜帶着非常重要的東西。」斗牛面無表情地說，「她是一隻黃鼠狼。我們得到消息，她現在就在集市上。」

聽到他的話，周圍的動物們發出了小聲的驚呼，而黃鼠狼們則都一臉氣憤。

「為甚麼總懷疑我們做壞事？你們對黃鼠狼有偏見！」一隻年老的黃鼠狼大聲說。

「不，我們相信故宮裏的黃鼠狼們都是善良、正直的。」斗牛回答，「但這隻和你們不一樣，她不是你們中的一員，甚至不屬於這裏……」

「那隻黃鼠狼到底幹了甚麼？」一隻年輕的黃鼠狼問。

「就在一個小時前，她摧毀了漱芳齋戲台。戲台整個消失了，原來的位置只剩下一個亂石坑。」

「這不可能！」一隻鴿子大聲說，「我幾分鐘前剛飛過漱芳齋，親眼看到戲台還好好的。你們是不是弄錯了？」

「沒有弄錯，她摧毀的不是現在的漱芳齋戲台，而是清朝乾隆年間的漱芳齋戲台。」斗牛說，「這隻黃鼠狼在二百多年前摧毀了戲台後，在逃跑時不小心穿越到了現在。」

一隻胖黃鼠狼驚呼：「我們黃鼠狼居然有這麼大的本事？」

「其實嚴格來說，她已經不算是一隻黃鼠狼了。」斗牛耐心地解釋，「如果我們沒有猜錯，她應該是黃大仙，逃跑時她變回了黃鼠狼的樣子。所以，請所有黃鼠狼配合檢查。」

獬豸朝着一隻胖黃鼠狼走過去，「就從你開始吧，」他說，「我會問你一個問題，請你一定要說實話。否則，你知道我的脾氣吧？」

胖黃鼠狼緊張地嚥了口唾沫：「是的，我知道，你可以看到我心裏在想甚麼。如果誰對你說謊話，你就會……就會……一口吞掉他。」

「沒錯。」獬豸滿意地點點頭，「所以，你最好能說真話。你是不是毀掉了漱芳齋戲台？」

「不！不是我！」

「你說的是真話。」

獬豸扭過頭，走向另一隻黃鼠狼：「你呢？」

「我沒有，我從不幹壞事。」那隻瘦弱的、毛有些禿的黃鼠狼說。

「好，你沒說謊。」獬豸點點頭，「下一個。」

於是，一隻又一隻黃鼠狼回答了獬豸的問題，悄悄鬆口氣，站到一邊。最後只剩下三隻黃鼠狼還沒有被問到了。獬豸站在他們面前，目不轉睛地看着他們，慢慢說道：「只剩下你們三個了。黃大仙應該就在你們中間。」

三隻黃鼠狼臉色蒼白地看着他。

「你有沒有毀掉漱芳齋戲台？」獬豸問其中的一隻。

「怎麼可能？不是我。」黃鼠狼說。

獬豸點點頭：「是實話。下一個，你呢？」

「我可沒幹，別想賴在我身上。」

「你說的也是實話。」獬豸看向最後一隻黃鼠狼，「看來只能是你了。是不是你毀掉了漱芳齋戲台？」

「我沒有那個本事。」最後那隻黃鼠狼回答，「我倒是很希望自己能那麼厲害。」

獬豸臉上出現了迷茫的神情，他扭頭對斗牛說：「真奇怪，他們說的都是實話！黃大仙應該不在他們中間。」

「難道是我們的情報出了問題？」斗牛也開始懷疑了，「好吧，我們去其他地方再找找看吧。總之，一定要抓住黃大仙。」

怪獸們離開了。很長一段時間，狐仙集市裏都沒有動物敢發出聲音。直到一隻野貓開始吆喝叫賣自己的貓爪扇子後，集市上才漸漸又熱鬧起來。

「真想知道那個黃大仙藏在哪兒了。」楊永樂對我說。

「我更想知道他是怎麼把那麼大的戲台一下子毀掉的。」我說。

我們倆一邊聊天，一邊走進怪獸食堂。不知道是不是因為剛才的檢查，怪獸食堂居然不用排隊等位，餐廳裏只坐着稀稀拉拉的幾桌客人。我們被黃鼠狼小二帶到最靠邊的一塊棉墊子上坐了下來。緊挨着我們的是一位老奶奶，她穿着有破洞的長袍，坐在角落裏慢悠悠地喝茶、吃點心。雖然我從來沒見過她的樣貌，但我和楊永樂都不感到稀奇。故宮裏的神仙就喜歡變成各種模樣出來閒逛，他們似乎不太喜歡每次都金光閃閃地出現在大家中間。

我們點完菜，開始接着聊剛才的話題。

「漱芳齋戲台算是故宮裏第二大的戲台了吧？它應該只比暢音閣戲台小一點，不過好像只有一層能演出。上次我想爬上二層，都沒找到入口。」楊永樂說。

「和暢音閣戲台比，我倒是更喜歡漱芳齋戲台。我覺得它裝飾得更漂亮一點。」

「不知道那個黃大仙是用甚麼樣的魔法，才能毀掉那麼大的戲台。你聽怪獸們說了嗎？只剩下了石頭，戲台上那麼多木頭都沒了。」楊永樂一臉好奇，「就算是用炸彈轟炸也不會只剩下石頭吧？」

我點點頭：「是啊，憑空消失。看來這個黃大仙的本事還真大。不過，也許她只是用了障眼法……」

我們聊得正歡，旁邊傳來一陣「嘻嘻嘻」的笑聲，那笑聲很怪，好像是從鼻孔裏發出來的。我扭過頭去，發現那位穿着破袍子的老奶奶正偷偷地捂着嘴笑。顯然，她聽到了我和楊永樂的談話。

「我們說了甚麼讓您覺得可笑的事情嗎？偷聽別人說話

可不太禮貌。」楊永樂有點不高興地說。

「呵呵呵，的確有點可笑。」老奶奶抬起頭，她的臉又尖又瘦，聲音很沙啞，「障眼法那種東西怎麼能瞞住怪獸們呢？他們一眼就能看穿。」

楊永樂問：「那您覺得黃大仙用了甚麼方法，能把漱芳齋戲台炸得連渣子都不剩呢？」

「誰說那座戲台被炸掉了？」老奶奶又悶聲笑了起來。

「沒有被炸掉的話，那座戲台去哪兒了呢？」

「你們真想聽這個故事嗎？」老奶奶眨着眼睛問。

「當然！難道您知道是怎麼回事？」楊永樂急切地問。

老奶奶舔了下嘴脣，說：「如果你們真想聽，就請我吃一隻這裏的燒肥雞怎麼樣？」

「沒問題。」我一口答應，立刻叫來黃鼠狼小二讓他上一隻燒肥雞。加完菜，老奶奶端着茶杯坐到我們身邊，一邊講故事，一邊等着燒肥雞端上來。

黃大仙一直住在御花園裏，現在是這樣，幾百年來都是這樣。哪裏有四神祠，哪裏一定供有黃大仙。御花園裏的四神祠修建得很氣派，黃大仙住着也很舒服。

但是，清朝乾隆皇帝即位以後，將御花園旁邊的乾西二所升為重華宮，將緊挨着御花園的頭所改為漱芳齋，並在院子裏建了個大戲台。自從戲台建好後，只要是過節，乾隆皇帝就會讓戲班子在這個戲台演出。每當戲台上「叮叮咣咣」響個不停時，隔壁御花園裏的黃大仙就會被吵得睡不好覺。

有一年的萬壽節，皇宮裏格外地熱鬧，四處都掛起了彩燈和彩帶裝飾。到了晚上，漱芳齋燈火通明，戲台上的鑼鼓聲響徹整座宮殿，不但有許多戲劇名角，還有京城裏最有名的雜耍班子，到處都是人們的歡聲笑語。乾隆皇帝設了三天三夜的宴席，與大臣和嬪妃們同樂。漱芳齋的戲台上也就連着演了三天三夜的戲。

然而，在第三天傍晚，黃大仙再也不能忍受戲台上的那些噪音了。她生氣了，非常非常生氣。她決定要讓這個戲台徹底消失，這樣以後就不會再有噪音來打擾自己的好夢了。

於是，她變回黃鼠狼的樣子，穿過牆洞溜進了漱芳齋。宮殿裏的人都在為皇帝祝壽，誰也沒發現一隻狡猾的黃鼠狼藏到了戲台下面，更想像不到接下來會發生甚麼。

突然從戲台下面射出了一道亮光，天空被照亮了，耀眼的紫色光芒刺得所有人都閉上了眼睛。亮光開始慢慢由紫色變成白色，光亮的範圍也在不斷增大，向外擴張。突然間，一陣狂風席捲而來，猛烈的熱風把沙子和石子捲起

來打到人們的臉上。樹枝在半空中「劈啪」作響。

人們趴在地上，閉着眼睛。等到風暴過去後，他們慢慢睜開眼睛。漱芳齋戲台消失了，連上面唱戲和演雜耍的人都跟着一起消失了！天空中一團閃着火花的雲正被風慢慢吹散。

一隻黃鼠狼正飛快地朝院外躥去，她的嘴裏叼着一個圓球形的東西。一道金色的光芒緊跟其後，如果仔細看的話會發現，金光中有嘲風的影子。

一陣沉默。老奶奶臉上掛着得意的笑容。

「嘲風没能追到黃大仙？」我問。

「如果不是黃大仙誤打誤撞闖進了一個時光窗口，穿越到了二百多年後的今天，可能現在已經被那個怪獸追上了。」老奶奶深吸了一口氣，「黃大仙的運氣總是不錯。」

「故宮裏有時光窗口？」我瞪大了眼睛。

她攤開手說：「是啊，這座宮殿裏總有些奇怪的東西，不知道甚麼時候你就會碰上。」

「漱芳齋的戲台到底去哪兒了？」楊永樂追問，「如果真是被毀掉了，那些演出的人呢？死了嗎？」

「傻孩子！那座戲台並沒有被毀掉。它只是被裝進了一個東西裏，那些演出的人也一起被裝進去了。」老奶奶說，

「黃大仙畢竟已經修煉成仙了，神仙怎麼可能殺人呢？」

「甚麼東西能裝下那麼大一個戲台？」楊永樂不相信。

老奶奶猶豫了一下，舔了舔嘴唇：「你們能保密嗎？」

「當然！」楊永樂毫不猶豫地答應。

「那就讓你們見識一下吧。」說着，老奶奶從寬大的衣袖裏拿出一顆紅透了的大石榴。我一眼就能看出，它不是一顆真石榴，而是一件藝術品。紅色的石榴上雕刻着綠色的蝴蝶花紋。看不出這和戲台有甚麼關係。

「石榴？我不太明白。」我搖着頭說。

「你們睜大眼睛仔細看。」老奶奶乾枯的手指在石榴底下輕輕一撥。「咔」的一聲，石榴居然分成四瓣打開了，石榴裏是一個精美的世界：一座小小的戲台上面，一些穿着戲服的小人兒正在演戲，戲台周圍還有雜耍藝人在表演，幾個穿着古代官服的人站在戲台前，一邊看戲一邊聊天，彷彿完全沒有意識到，自己已經被裝進了一顆石榴裏。

「這真不可思議！」我讚歎道。

「哈，有意思吧？」老奶奶得意地笑了，「我給這顆石榴起了個名字，叫作『榴開百戲』。」

「你就是黃大仙，對吧？」楊永樂壓低聲音問。

「沒錯，就是我。」黃大仙笑了，「那些愚蠢的怪獸以為我只會變成黃鼠狼，哈哈哈，他們太笨了！還說我摧毀

招牌烧肥鸡

了戲台，真有意思，哈哈哈！」

「你沒有摧毀戲台，你只是把它縮小，放進一顆工藝品石榴裏。」楊永樂說。

「這顆石榴是用象牙雕刻的，它可是乾隆皇帝的寶貝。」

「誰能想得到呢？就算是怪獸和神仙們也想不出來這種主意。」楊永樂點着頭說，「如果你願意的話，還可以把戲台放回漱芳齋嗎？」

「當然可以了。」黃大仙得意地晃着腿。

我連連點頭：「這種法術太令人吃驚了。」

一陣饞人的香味飄過來，我們點的燒肥雞被端了上來。黃大仙立刻被美味的食物吸引住，完全沒注意到，黃鼠狼小二身後不遠的地方，幾個怪獸正站在那裏。就在黃大仙剛剛把一隻肥美的雞腿咬在嘴裏時，嘲風坐到了她身邊。

「好好吃一頓吧，吃飽了就乖乖和我一起把戲台還回去。」嘲風拍了拍黃大仙的肩膀。

黃大仙被嚇得跳了起來。幾乎同時，獬豸從黃大仙身

後抓住了她的胳膊。黃大仙吞下嘴裏的雞肉，緊張地問：「你們……都聽見了？」

「沒錯。」嘲風搧了下翅膀說，「你講故事的時候，我一直待在你頭頂上方的楸樹上。雖然我不知道發生了甚麼事，但我一直懷疑戲台沒有被毀掉，而是被施加了甚麼奇怪的法術。可是，別的怪獸卻不相信我，所以我只能偷偷跟蹤你。」

嘲風轉身，朝獬豸點了點頭。獬豸立刻把黃大仙扛在了身上。

「很高興你沒有摧毀戲台，只是把它偷偷藏起來了。這樣就還有機會補救，否則麻煩就大了。」嘲風說，「要知道，歷史裏的一點點改變都會影響到現在的故宮，何況那麼大一個戲台消失了。現在你可以把石榴——就是你的『榴開百戲』交給我嗎？」

黃大仙沒有動，獬豸不客氣地把象牙石榴奪過來交給了嘲風。

「我們走吧，不能再耽誤時間了。」嘲風對獬豸說。

於是，一道金光閃過，兩個怪獸和黃大仙一起消失在了夜色之中。

‖ **故宮小百科** ‖

漱芳齋：始建於明永樂十八年（1420年），原為乾西五所的頭所。清乾隆帝即位後改乾西二所為重華宮、頭所改為漱芳齋，並建了戲台。戲台為亭式建築，是宮中最大的單層戲台。

此黃大仙非彼黃大仙：在中國北方的民間傳說中，老百姓認為有五種動物非常有靈性，能修煉成仙，包括黃鼠狼（黃仙）、狐狸（狐仙）、刺蝟（白仙）、蛇（柳仙）和老鼠（灰仙），牠們被稱為「五大仙」。所以故事中的黃鼠狼亦被稱為「黃大仙」。

不過，香港有名的黃大仙祠與黃鼠狼一點關係也沒有，大家可不要誤會。黃大仙祠供奉的是著名的道教神仙 —— 黃初平。黃初平原是一位牧童，十五歲時得到道士指引，在山中修煉得道成仙。後世稱之為「黃大仙」。

3
雙雙的決定

我的面前，是一個長着三個頭的怪獸。

三個頭長得很像，只有微小的區別。他們全都長着老人般的面孔，巫婆般的大鼻子，頭上頂着粗樹枝般的獨角。中間那張臉顯得挺和善，右邊那張臉則一臉兇相，左邊臉上的嘴角多了一顆黑痣。三個頭共用一具獅子的身體，身後卻拖着一條狗尾巴。他們全身黑色，卻稱自己是青獸。

中間的頭說自己是青獸一，右邊的是青獸二，左邊的是青獸三。關於這個順序，青獸二和青獸三似乎都不太滿意，他們和青獸一爭執了半個小時才罷休。

至於我是怎麼發現他們的，實在是太容易了。可以

說，我不想發現他們都不成，因為他們實在太能說了！

我路過壽康宮的時候，聽到院子裏有爭吵聲。深更半夜的，壽康宮的院子裏竟然有人吵架，還很大聲，這激起了我的好奇心。於是我趴在門上聽了一會兒，感覺按聲音辨別的話，應該有三個人藏在壽康宮的院子裏。

「這是我的身體，我可以肯定。」一個聲音說。

另一個聲音立刻反對說：「你當我死了嗎？只要我活着一天，這個身體就是我的！」

「好了，你們倆別吵了。」第三個聲音響起來，「大家不能和平共處嗎？」

「和平共處？我不需要！我只想自己舒舒服服地待在這個身體裏。」第一個聲音說。

「這能怪誰？」第三個聲音聽起來很無奈，「我們三個現在只能共用一個身體，否則誰也活不成。已經過了成百上千

年，你們倆還不能接受這個事實嗎？」

「不能！」第二個聲音說，「你們出去！」

「冷靜點。我們無處可去。」第三個聲音說。

「你們可以變成遊魂。」第一個聲音說。

「你為甚麼不變成遊魂？」第二個聲音大叫。

「你們別吵了，我們好不容易從《獸譜》裏跑出來，難道不該先欣賞一下眼前的景色嗎？」第三個聲音說，「看看這些華麗的宮殿，我們現在說不定在仙境。」

「怎麼回事？我想甩一下尾巴，是誰用力繃住了？」第二個聲音問。

「別激動，」第一個聲音不緊不慢地說，「這會兒尾巴歸我支配。你要甩尾巴嗎？那就甩吧。我把尾巴的控制權轉給你。」

「這裏要是仙境，怎麼連個仙人都沒有？」第一個聲音接着說，「我看說不定是人類的宮殿。」

「人類的宮殿應該住人啊！」第二個聲音不服氣地說，「這兒連個人影都沒有……」

我實在沒有耐心繼續聽他們說這些無聊的話題了，於是推開壽康門走了進去，一眼就看到這個長着三顆腦袋的怪獸。

「誰說沒人？」青獸一說話了，他應該是剛才第三個聲音，「你好，你是人類還是仙人？」

「我是人類，我叫李小雨。」我說，「你們是誰？」

「我們以前是三個青獸，」青獸一和善地說，「不過自從我們三個合為一體後，你們人類就叫我們『雙雙』。」

「人類就是這麼傻，我們明明是三個，又不是兩個，他們卻給我們取名叫雙雙，明明應該是三三才對。」青獸二說。我聽出來了，他是剛才的第二個聲音。

「名字只是代號。」青獸三也說話了，「俗話說『一山不容二虎』，何況我們三個同在一個身體裏，就更不可能長久。不是你死就是我亡，這個身體裏很快就會只剩下兩個，最後只會剩下一個，這樣才合理。」

「行了吧，這些話你都說了上千年了，結果還是我們三個在一起。」青獸一聳了聳肩，看來肩膀現在歸他控制。

「說實話，我真不敢相信我已經忍受了你們上千年。」青獸二說，「我有時候覺得自己就像個拉繩木偶。尤其當四肢不是由我控制的時候，每當走路或者跑步的時候，我都會覺得自己是在離地一米的地方飄來飄去。」

「我認為，我們身體功能的分配很合理，絕對是神仙們的傑作。」青獸一說，「當我控制四肢的時候，你們就會分別控制尾巴和觸覺。這相當公平，不是嗎？」

「哼！公平？」青獸三說，「你肯定已經忘了能控制自己

所有感覺和身體的時候了。」

「我沒忘。」青獸一平和地說，「但是，如果不是那位厲害的神仙，把我們三個青獸合為一體，我們早就都死掉了，不是嗎？所以，滿足吧，活着總比死了好。」

他們就這樣為了那個唯一的身體爭吵不停，完全把我晾在了一邊。我決定拉回他們的注意力。

「喂！各位青獸，能聽我說一句話嗎？」

三個頭難得同時安靜下來，他們同時看向我。除了青獸一外，另兩個頭由於角度問題，都只能斜着眼睛看着我。

「很高興你們能來故宮遊覽。這裏曾經是一座人類的宮殿，但現在已經成為人類的博物館。」我客客氣氣地說，「你們現在是來到了人類的領地。怪獸不能隨便出現在人類的地盤上，這個規矩你們一定知道。所以，請你們儘快回到《獸譜》裏，以免被人類發現後惹出麻煩，好嗎？」

雙雙的三個頭都露出了迷惑的表情。

「你讓我們回到《獸譜》裏？」青獸三問。

「是的。」

「我可不幹！」青獸二晃着腦袋說，「我們剛出來，《獸譜》裏悶死了。」

「沒錯，我們不打算回去。」青獸三難得同意青獸二的觀點。

我求助般地看着青獸一，我覺得他應該是三個頭裏最通情達理的。而且據我觀察，目前身體四肢的控制權應該在他那兒。也就是說，如果他想回到《獸譜》裏，其他兩個頭一點辦法都沒有。

可是，青獸一卻說：「我也不想現在回去。這麼多年才跑出來一趟，怎麼也要好好逛逛人類世界再回去。」

我只好問：「如果我帶你們在這裏逛逛，你們就會回去嗎？」

「不，沒這個打算！」青獸三說。

「出來了還回去，是不是傻？」青獸二更不客氣。

只有青獸一點了點頭：「很有可能。」

我又抓到了一線希望：「那我來當你們的嚮導吧！」

我帶着雙雙來到御花園。一路上，三個青獸的嘴巴就沒有停過。他們像永不停歇的收音機，而且還是三個頻道同時播音的那種。御花園裏，熱鬧的寶相花街和狐仙集市立刻把雙雙吸引住了。「我覺得肚子餓了。」青獸三說，他目前掌管身體的一切體感。

「有甚麼好地方可以吃東西嗎？」青獸一問我。

「這條街上有家不錯的餐廳。」

我帶着雙雙來到了怪獸食堂，這個時間正是客人爆滿的時候。我們等了一會兒，才排到座位。我們坐到楸樹下面，

點了幾個這裏的招牌菜。等菜時，黃鼠狼小二把一位穿着白色長袍、滿頭白髮的老人帶到我們面前。

「餐廳裏沒有位置了，你們這桌還有空位，能讓這位老神仙和你們坐在一起嗎？」黃鼠狼小二問。

「可以。」我點點頭，老神仙坐到了我旁邊的空位上。

他捋着垂至胸前的鬍鬚，上下打量着雙雙，笑瞇瞇地說：「這位怪獸長得如此清奇，想必是雙雙吧？」

「老神仙，您居然認識我們？」青獸二看起來很高興，他的臉正好對着老神仙。

老神仙點點頭：「三位青獸生活在一起，還習慣嗎？」

我一聽到這個問題，就開始頭疼。我已經預測到，今天的晚餐一定會成為三青獸的「吐苦水大會」。

「怎麼可能習慣？」果然，青獸三立刻說，「就拿睡覺來說，如果是我自己的身體，我完全可以在睡不着的時候，起來去幹點甚麼其他有意思的事。但是現在，我只能看着天空發呆。因為只要我們三個中有一個處在睡眠狀態，這具身體就誰也使喚不動。」

「睡覺還算好辦，最讓我頭疼的是上廁所。」青獸二接過話說，「我們中只要有一個頭覺得口渴，其他頭也會跟着喝水。這意味着，別的怪獸喝一份水，我們就要喝三份。所以，要不停地往廁所跑。」

「我還以為怪獸不需要上廁所……」我嘀咕着。

「我也聽說有的怪獸是不用上廁所的，但是我們需要。」青獸一說，「其實，我們三個在一起也有很多好事，不是嗎？比如作為青獸的時候，我們都是獨來獨往。但現在我們突然有了夥伴，可以一起聊天，有事情也可以相互商量。青獸二腦袋裏都是故事，那些故事幫我們度過了很多無聊的時光。青獸三雖然脾氣暴躁一點，卻非常機敏。有他在，我從不擔心會有意外發生。」

「但是現在看來，你們還是更願意分開，對嗎？」老神仙問。

「當然！」青獸三回答得最快。

「是的。」青獸二也一個勁點頭。

「也許吧。」只有青獸一有點猶豫。

老神仙點點頭，然後清了清嗓子說：「我現在給你們一個分開的機會。」說着，他從懷裏掏出一張發黃的宣紙和一支毛筆，用毛筆在紙上寫了幾行字。寫完，他把宣紙遞給青獸一，示意他讀出來。

「雙雙本為三青獸合為一體，亦在流沙之東。如今，三青獸將重歸三體，從此各不相干。」青獸一讀完了那段話，吃驚地問，「這真能做到嗎？」

「是的。」老神仙回答，「只要你們商量好，誰繼續留在

這個身體裏，誰離開去別的身體裏，然後喝一杯道別酒就可以了。」

三個頭一瞬間都愣住了，都不敢相信這會是真的。

「這麼簡單？老神仙，您沒有說笑話吧？」青獸二問。

「我從不說笑。」

聽到這個回答，三青獸開始小聲商量起來。大概過了一刻鐘的時間，青獸三大聲說：「我們商量好了。我會繼續留在這個身體裏。但你能保證他們倆也會有自己的身體嗎？」

「不會立刻有，我會先保存好他們的遊魂，並在三日之內為他們找到合適的身體。」老神仙答應。

三青獸聽到後，又小聲商量了一陣。然後，青獸二說：「好吧，我們相信你。」

老神仙輕輕一招手，黃鼠狼小二就端來了一壺酒和三隻酒杯。老神仙把酒杯裏都倒滿了酒。

「喝完這杯酒，你們三個將永生不再相見。從此怪獸雙雙消失，世間則將多出三個青獸。」

我忽然意識到了一個問題，試圖阻止青獸們喝下酒杯裏的酒，但是老神仙卻把我攔住了。三個青獸滿臉猶豫地看着酒杯，過了好一陣，青獸三突然一口喝乾了酒杯中的酒。緊接着，青獸一和青獸二也喝乾了酒杯中的酒。

喝過酒的三個獸頭立刻閉上眼睛，睡倒在棉墊子上。

「他們怎麼了？」我問。

「不用擔心，他們很快就會醒來。」老神仙很有把握地說。

「我擔心的不是這個，我擔心的是如果雙雙變成了三個青獸，那《獸譜》怎麼辦？您可能不知道，雙雙是從《獸譜》裏跑出來的怪獸，要是不能回去，會出大亂子的……」

「噓！」老神仙打斷了我，用手裏的毛筆敲了敲青獸三的頭。青獸三猛地醒了過來。他睜開眼睛，費力地從地上爬起來。而青獸一和青獸二的頭仍然耷拉在一邊，閉着眼睛。青獸三四處望了望，看了看青獸一和青獸二的臉。

「老大，老二，你們還在嗎？」青獸三問。

沒有回答。

「老大！老二！你們在哪兒？別鬧了，和我說話。」青獸三開始煩躁，他不停地揮動爪子，尾巴甩來甩去。

還是沒有另兩個青獸的聲音。

「你們已經離開了嗎？這麼快？」青獸三的聲音突然聽起來很悲切，他問，「老神仙，他們去哪兒了？您告訴我好嗎？」

老神仙慢悠悠地說：「這兩個頭會隨着遊魂的離開而慢慢消失，你不用着急。」

「消失？」青獸三瞪大了眼睛，「可是，我後悔了。我現在才發現，我並不想要他們消失。這個身體有足夠的空間，可以容納我們三個，我們能不能放棄這次儀式？」

「這只是你的想法，那兩個青獸……」

「他們一定也後悔了！我了解他們。老大本來就不願意分開，而老二，我覺得他只是為了和我拌嘴而已。」

「你真的這麼想？」老神仙有些猶豫。

「我真心這麼想。我誠心實意地希望他們留下來。現在我才明白，這麼多年過去，我已經把他們當作家人了，他們是我不可分割的一部分。」

「好吧，既然你這麼想，那我可以成全你。不過，你要答應，等一切如你所願，你們要回到《獸譜》裏去。」

「我答應，只要能讓他們回來，我甚麼都可以答應。」

老神仙把那張寫了字的宣紙「嘩」的一下撕開，宣紙立刻如煙霧般消失了。

「這樣他們就會回來了嗎？」青獸三小心翼翼地問。

「誰回來？」是青獸二的聲音，「啊，我怎麼還在這個身體裏？」

「太好了，我們還在一起。」青獸一也醒了。

「是我剛才求老神仙讓你們回來的。希望你們……不要怪我。」

我第一次聽到青獸三用這種口氣說話。

「我怎麼會怪你？我很高興我們還在一起。」青獸一微笑着說。

青獸二輕哼了一聲，說：「既然你們這麼需要我，那我就勉為其難，和你們再生活一段時間吧。畢竟我還有很多故事沒來得及講，如果就這樣分開，連個聽眾都沒了。」

「你都會講些甚麼故事呢？關於怪獸的嗎？」我的好奇心又來了。

「我甚麼故事都會講，要不要現在給你講一個？我想起來一個特別有趣的……」

「以後再說吧。」青獸三說，「我答應了老神仙要回到《獸譜》裏去。」

「你們可以吃完飯再走。」我說，「反正菜都已經端上來了。」

青獸三看了看老神仙，老神仙點了點頭。雙雙、我和老神仙吃了非常愉快的一頓飯，一直到離開，三個頭都沒有再吵架。

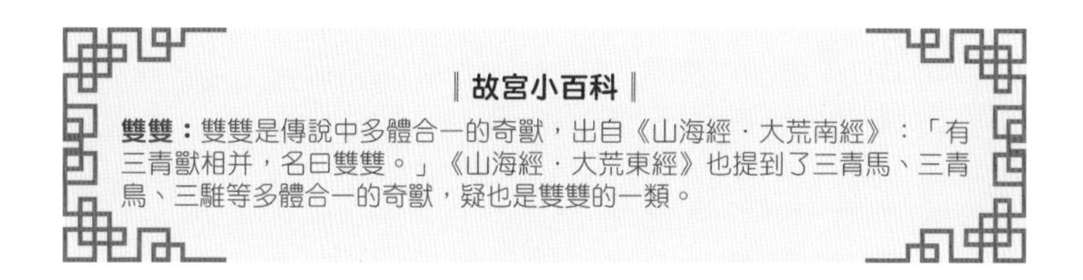

故宮小百科

雙雙：雙雙是傳說中多體合一的奇獸，出自《山海經．大荒南經》：「有三青獸相并，名曰雙雙。」《山海經．大荒東經》也提到了三青馬、三青鳥、三騅等多體合一的奇獸，疑也是雙雙的一類。

4
定風珠

快到十月的時候，北京颳了場大風。

那不是一場一般的大風，氣象局為此特意發佈了橙色大風預警的通知。等到黃昏，風吹起來的時候，故宮宮殿上的琉璃瓦都被吹得「咔咔」直響。御花園裏的樹枝、花瓣、樹葉被吹得四散飛舞。就連午門外的牆皮都被吹掉了一大塊，幸虧不是開館時間，沒有人被砸到。

可是，颳了這麼大的風，我卻毫無知覺。那時候我正在珍寶館樂壽堂的院子裏餵野貓，周圍平靜和煦，偶爾有陣小風吹過，也只是輕輕吹起我的髮稍。不光是我，珍寶館院子裏的野貓們誰也沒發覺外面正狂風大作，大家都專

注地吃着晚餐，怕一走神就會比別的貓少吃一口。所以，當楊永樂帶着一頭的塵土和樹葉走進樂壽堂的院子時，他被眼前祥和、平靜的景象驚呆了，彷彿一下子走進了世外桃源。

「這……這怎麼可能？」楊永樂瞪大眼睛，怎麼也不相信眼前的景象是真的。

「甚麼怎麼可能？」我撫摸着面前的大黃問道，他最近胖多了。

「我不知道該怎麼說，說了你可能也不信。」楊永樂仍然是一臉震驚，「你應該跟我來看看！」

「看甚麼？」

「別問了！不用走多遠，你只要邁出珍寶館的大門就行了。」他拉着我的手，強行把我拖出珍寶館的大門。

接着，輪到我吃驚了。珍寶館的大門外，狂風搖撼着宮殿。門外的兩盆高大的盆栽植物已經被吹跑了，所有的路牌都被吹得「嘩啦、嘩啦」響，像隨時會被風連根拔起一樣。

「我的媽啊！」我嘴巴都閉不上了，「怎麼會颳這麼大的風？」

「颳風並不奇怪，」楊永樂大聲說，「奇怪的是，到處都在颳大風，為甚麼偏偏珍寶館裏沒風？」

他這麼一說，我才意識到，真的！在珍寶館裏連風聲都聽不見。

我和楊永樂回到珍寶館的院子裏。和剛才一樣，這裏安靜、祥和，沒有狂風，沒有被吹得「咔咔」響的琉璃瓦屋頂，連院子裏的樹枝都沒有搖動。太奇怪了！好像整個珍寶館被安上了透明的保護罩，能夠絲毫不受大風的影響。

「難道珍寶館這些宮殿的牆比較厚？」楊永樂猜。

「所有宮殿的牆都是一樣厚的。」我搖搖頭，「而且院子是露天的，風照樣能吹進來，和牆沒甚麼關係。」

「那是怎麼回事？」

「一定有甚麼問題！」我咬緊嘴唇，「如果我沒猜錯，應該是法術。」

「誰的法術？」楊永樂問。

「我不知道。」我搖着頭，繼續思考，「會不會有《獸譜》裏的怪獸藏在了珍寶館，而他正好是甚麼防風怪獸？」

楊永樂皺起眉頭回憶了一會兒，才出聲：「我看過不下十遍《獸譜》，印象裏沒有甚麼防風怪獸。」

「你確定？」

「不能百分之百確定，但應該差不多。」楊永樂說，「我只記得，有一個怪獸，人吃了他的肉可以防止中風，那個怪獸叫甚麼來着……」

「好了，別想了，中風和颳大風是兩回事！中風是一種疾病，我的三嬸嬸就中風了，一隻眼睛到現在還睜不開。」我盤起手，腦袋裏飛快地思考着，「如果不是怪獸的法術，難道是神仙的法術嗎？」

「風神！」楊永樂忽然大聲說，「會不會是珍寶館裏供奉着風神？」

「風神？我沒聽說過。」我蹲下來，問腳邊的野貓大黃，「珍寶館裏有沒有風神的畫像或雕像？」

大黃出生在珍寶館，和梨花愛追八卦新聞不同，他最大的愛好是給「他的寶貝」當護衞。大黃認為珍寶館裏所有的珍寶都是「他的寶貝」，他必須守護好。所以，每天他都會準時在珍寶館裏巡邏，對展館裏的每一件珍寶，他都熟悉得不得了。每次珍寶館裏換展品的時候，他就會在一旁「喵喵」大叫，抗議工作人員碰他的寶貝們。

「珍寶館裏沒有甚麼風神的雕像，我確定。喵——」大黃說。

「大黃說沒有，那一定沒有。」楊永樂點點頭。

「那是怎麼回事？」我實在猜不出來了。

「不知道。」楊永樂聳聳肩。

大風在第二天一早就停了。風停後的幾天，北京的氣溫忽然升高。每天寫作業的時候，我都要把電風扇打開，才不會滿頭是汗。

就在這種大熱天，我聽說了一件怪事。珍寶館辦公室裏的電風扇總是很快就壞掉了。新買的電風扇只用了不到一小時就不轉了，換了好幾台都是這樣。更奇怪的是，一旦把壞掉的電風扇搬出珍寶館，它就會自動恢復正常，連修都不用修。珍寶館的管理員們納悶極了，電器修理工也從沒遇到過這種狀況。到最後，大家都只能把這當作「靈異」事件。

「靈異事件？」我哈哈大笑起來，能從嚴肅的珍寶館管理員王阿姨那裏聽到這個詞，真是覺得太好笑了。要知道，王阿姨從來不相信甚麼靈異啊，鬼神啊之類的東西。

「雖然我完全不相信那些，但我實在不知道該怎麼解釋了。」王阿姨有些不好意思地說。

我卻覺得這不是甚麼「靈異」事件。我想起幾天前那場大風時珍寶館裏平靜的樣子。這兩件事都和風有關，難道，風只要進入珍寶館就會消失？

我把這個猜想告訴了楊永樂。

楊永樂皺着眉頭問：「但是，為甚麼會這樣呢？這太古怪了，不是嗎？風可不是容易被控制的東西，說消失就消失。」

「我不知道。」我在樂壽堂的台階前來回踱步，「但我

想無論是甚麼，祕密一定就藏在珍寶館裏。」

我和楊永樂一起望向身後的宮殿。珍寶館——故宮裏最耀眼的展館，這裏到處都是五光十色的寶石，閃閃發光的金銀器皿，光滑、潤透的珍珠和翡翠……這些璀璨的珠寶中，真的有能控制風的東西嗎？如果有，又是哪件呢？要知道，這裏有四百多件展品呢。

「我知道是怎麼回事，喵——」

就在我們不知道該怎麼辦的時候，一個聲音從我腳邊傳來。我低頭一看，是野貓大黃。他的一對明亮的綠眼睛正看着我和楊永樂。

「你？」楊永樂蹲到大黃旁邊，「你怎麼會知道？」

「喵——大風那天，你們問過我風神雕像的事情，還記得嗎？」大黃卧在台階上說。

「當然記得。」我說，「難道你找到風神雕像了？」

「我說過，珍寶館裏沒有風神的雕像，喵——」大黃搖搖頭，「不過，自從那天開始，我巡視我的寶貝時，就多留了個心眼。結果，我真的發現了個不同尋常的東西。」

「是甚麼？」

「甚麼？」

我和楊永樂同時湊到他面前。

「一個海螺。這些都是那個海螺幹的。喵——」大黃

沒頭沒尾地說。

「海螺？」我睜大了眼睛，「你是說，一個海螺能讓風消失？」

「是的，喵——」

「珍寶館裏有海螺嗎？」楊永樂和我一樣感到奇怪，海螺那麼普通，怎麼能進珍寶館呢？

「當然有！喵——」大黃尖聲說，「它可是故宮的鎮館之寶！兩個星期前才擺出來展覽。你們居然不記得它？天啊！怎麼可能？它那麼美，沒人能忽略它。」

「好吧，對不起，每次去珍寶館我都會被鳳冠吸引，其他展品從來沒好好看過。」我承認，「能不能給我們講講那個海螺？」

「喵——光是用語言怎麼能形容它的美呢？」大黃皺了下鼻子說，「你們必須要親眼看到它才能明白。來吧，跟我來。」大黃轉身走進展館裏，我們跟在他身後。

故宮剛剛關門，珍寶館的管理員正在做最後的打掃和整理工作。大黃帶我們來到一個玻璃展櫃前。那裏面有一個巨大的白色海螺被擺在正中間的位置。它的表面光滑，閃着珍珠般迷人的光澤。海螺的上方鑲嵌着一個小巧的銀盒，銀盒上鑲滿了水滴形狀的紅寶石。它前面的標籤上寫着「銀胎綠琺瑯嵌寶石右旋海螺」。

「右旋海螺，甚麼意思？」我問大黃。

「一般的海螺旋轉的方向都是朝左邊，朝右邊旋轉的海螺十分稀少，所以被西藏的法師們奉為珍貴的法器。」大黃流利地回答，他真不愧是珍寶們的衞士。

「雖然它很漂亮，也很珍貴，但你怎麼能確定就是它讓風消失的呢？」楊永樂問。

「你們還記得大前天，天氣特別熱，對嗎？我躲進珍寶館乘涼，順便巡視我的寶貝，結果……」大黃的話還沒說完，我們眼前的大海螺忽然像燈泡一樣，「噗」地閃了一下就滅了。我難以置信地看着它，大黃也張着嘴僵在一邊，把剩下要說的話都忘了。

「怎麼回事？是我眼睛花了嗎？」我問。

楊永樂搖搖頭：「不，我也看到了，它剛才發光了。」

「喵——就是這樣！那天也是這樣。」大黃尖叫道，「你們看到了吧？」

「真不可思議！」我仔細看着那個大海螺，黃色的燈光下，它身上的螺旋紋路看起來是那麼神秘。

楊永樂皺起眉頭：「但是，它為甚麼會發光？」

「我覺得和風有關，喵——」大黃說，「也許這時候，正好有風吹過珍寶館。」

「歷史上有關於海螺可以控制風的記載嗎？」我問楊

永樂。

楊永樂搖搖頭：「我不記得，不過我可以去查一下。」

珍寶館要鎖門了。我們走出展館，經過辦公室的時候，正好碰到珍寶館的一個管理員走了出來。他手裏拿着一個嶄新的電風扇，嘴裏抱怨着：「又壞了一個！真是見鬼了，剛搧了幾下就壞了。」

我和楊永樂交換了下眼神。難道這就是大海螺剛才閃光的原因？它不希望風出現在珍寶館裏。但這是為甚麼呢？它到底和風有甚麼仇？

吃晚飯的時候，楊永樂沒有出現在食堂。我知道，他一定是在查大海螺的資料，顧不上吃飯了。我多買了一份肉絲炒蒜苗和米飯，送到失物招領處。楊永樂正扎在書堆裏，身邊的古籍簡直快把他埋在裏面了。

「怎麼樣？有甚麼收穫嗎？」我把飯盒放在一摞書上——桌子已經被書鋪滿了，沒留下一丁點空位。

楊永樂激動地說：「快看！這裏記載了那個海螺的故事。」

我走過去，看了一眼書上難懂的文言文，說：「你還是講給我聽吧。」

「好吧。」楊永樂的手指在書上滑動着，「這個海螺本來是一位西藏班禪的寶物。乾隆四十五年十月二十八日，這位班禪把它作為生日禮物送給了七十歲的乾隆皇帝。班禪一路跋山涉水，走了一年多的時間才從西藏趕到北京。沒想到，等他把海螺送給乾隆皇帝後，他就感染了天花病，在北京去世了。所以，這個海螺有非常特殊的歷史意義。」

「我還是不明白它和風有甚麼關係。」

「聽我講完。」楊永樂翻了一頁書，接着說，「有意思的事情在後面。這個右旋海螺也叫作法螺，除此以外它還有個特殊的名字——定風珠，可以『護佑渡江海平安如願諸事』。明白嗎？就是保佑船隻在大海上不遭遇大風大浪。乾隆五十一年的時候，清朝的軍船出海去作戰，出征幾次，都被海上的颶風給吹回來了。直到第二年，乾隆把這個海螺交給海軍將領，結果軍船居然順利渡過大海，一路上都風平浪靜。」

「那個海螺可以把風定住？」我覺得這簡直是天方夜譚。

「是啊，真是很神奇。」楊永樂的眼睛閃閃發光，「儘管海螺的主人已經去世，儘管時間已經過去了幾百年，它仍然在執行自己的任務，不讓任何風接近自己守護的領域。只要是風來了，它就把風定住，哪怕是電風扇吹出來的那麼小的風也不行。就算不在大海上，它仍在恪盡職

守。哈哈，我有點敬佩那個海螺了。」

「看來，珍寶館辦公室裏的電風扇是修不好了。」我笑了，不由得鬆了口氣。

「除非，他們把這個海螺收回倉庫。」楊永樂說，「我們要不要告訴他們這個祕密呢？」

「還是算了吧。」我擠了擠眼睛，「說了也不會有人相信。那些大人寧願相信是『靈異』事件，也不會相信這是一個海螺的法力。」

「說得對。」楊永樂笑着點點頭，「他們只會認為，我們是兩個神神叨叨的小孩。」

「他們已經這麼認為了。」我大笑起來，「不過，下次

再颳大風，我知道該去哪兒了。」

「我們應該把所有怕風吹的東西，都拿到珍寶館裏去。」楊永樂從書堆裏爬了出來。

「你不餓嗎？」我問。

「現在餓了。」楊永樂端起飯盒，大口大口地吃起來。

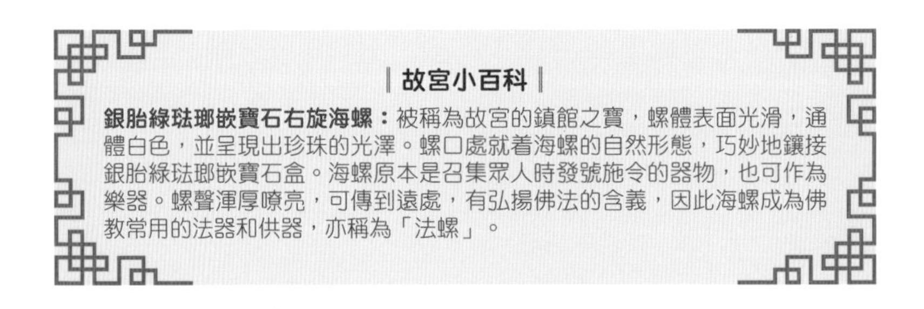

故宮小百科

銀胎綠琺瑯嵌寶石右旋海螺：被稱為故宮的鎮館之寶，螺體表面光滑，通體白色，並呈現出珍珠的光澤。螺口處就着海螺的自然形態，巧妙地鑲接銀胎綠琺瑯嵌寶石盒。海螺原本是召集眾人時發號施令的器物，也可作為樂器。螺聲渾厚嘹亮，可傳到遠處，有弘揚佛法的含義，因此海螺成為佛教常用的法器和供器，亦稱為「法螺」。

5
魔術人的幸福生活

國慶節假期的前一天，我和楊永樂迎來了一位遠方的朋友——沒錯，就是元寶。除了他還有誰呢？他是我們住在北京市以外的唯一朋友。

那天，時間已經很晚了，天還在下雨，雨點落在寂靜的宮殿上。元寶突然出現在東華門，渾身濕漉漉的。他告訴我們，他從上海坐了五個多小時的高鐵到北京，腰都快直不起來了。

「你每次出現都要這麼突然嗎？」楊永樂不太情願地接過他的行李。

「我想給你們驚喜。」元寶腆着圓鼓鼓的肚子說。與我

上次見到他時相比，他似乎又胖了一圈。

「你這次來故宮幹甚麼？是找到了甚麼尋寶圖，還是打算親自挖掘寶藏？」我抱了他一下，算是歡迎，「以我對你的了解，你是不會無緣無故給我們驚喜的。」

他眯着眼睛一笑：「這次和寶藏無關，我是來看展覽的。我今天晚上住在哪兒？」

我和楊永樂偷偷比畫了一下「石頭、剪刀、布」，結果我輸了。楊永樂得意得眉毛都要飛上天了。

「你住在我那裏吧。」我垂頭喪氣地回答。

元寶一點都不在意我的表情，他一路上哼着歌，很開心地跟着我來到媽媽的辦公室。我拉出一張折疊牀，在上面鋪好牀單。元寶不客氣地坐上去，開始吃我的零食。

「喂！給我留點兒。」我想把零食搶過來，但是失敗了。想從元寶手裏搶吃的東西實在太難了。

「你還有別的吃的嗎？」吃完零食後，他問，「我好像已經餓了一百年了。」

我拿出一包方便麪，還沒來得及倒開水，元寶已經拿起麪餅「咔嚓、咔嚓」地吃了起來。

「你是來看甚麼展覽的？」我問。

能讓元寶餓着肚子跑這麼遠來看的展覽，我都開始好奇了。

「鐘錶館的展覽。」元寶回答，「我看到新聞，說鐘錶館裝修後重新開放。裏面有不少新展品，其中就有魔術人鐘。」

「啊！原來你是衝着魔術人鐘來的！」我拍了下大腿，「的確很值得看。我和楊永樂是上星期去看的，太精彩了！那個鐘裏的機械魔術師真的會變魔術！」

「怎麼變的？」元寶瞪大眼睛問。

「魔術師坐在一張小桌子前面，兩隻手裏各握着一個金色的小杯子。當音樂響起，他會先點頭，眨眼睛，張嘴打招呼。然後，他會拿起杯子，讓你看到裏面是空的。接着，他就會扣上杯子，等到再拿起來的時候，兩個杯子下面就會各出現一顆紅球。然後，他會再次扣上杯子，再拿起來的時候，紅球就會變成兩個。等到他第三次拿起杯子的時候，下面的球會變成三個，多出一個白球。」我停下來，喝了口水。

「這就結束了？」

「當然沒有，最精彩的還在後面。」我接着說，「魔術師的桌面中間一直放着一個花籃。在變小球的時候，花籃不會動。等到小球變完了，桌子上的花籃會突然裂開，從裏面跳出一隻小鳥。這個時候，魔術師會再次扣下杯子，等到杯子被拿起來，小鳥竟然出現在杯子下面！神奇不神奇？」

「哇！太厲害了！」元寶讚歎着，「我早就聽說過魔術人鐘。它是世界上唯一擁有七套傳動裝置的鐘錶，它可能是這個世界上最複雜的機械鐘錶。這些傳動裝置操縱着機械魔術師和他的道具，還操縱着屋頂上的轉球、一隻不斷唱歌的小鳥、屋頂中間顯示時間的兩個小窗口以及下面的圓球和轉動的圓盤。我真想親眼看看它們是怎麼運轉的。」

「你明天就能看到了。」我有點累了，眼睛都快睜不開了。

「是啊，明天！」元寶鑽進被窩，不一會兒就睡着了。

第二天是「十·一」假期的第一天。故宮裏擠滿了人，連上廁所都要排長長的隊。

我和楊永樂帶着元寶去了鐘錶館。為了省點門票錢，我們決定在門口等他。我們眼看着元寶排了足足半小時的隊才走進展館，擠進黑壓壓的人羣裏。但是，僅僅十五分鐘以後，元寶居然就出來了。

「你參觀完了？」我吃驚地看着他。

「參觀？我甚麼都沒看到！」元寶氣鼓鼓地說，「鐘錶館裏面簡直像在打仗。所有的展品前面都擠滿了人。他們都比我高，比我力氣大。我怎麼也擠不進前排，只好站在後面。但在後排，除了人們的腦袋，我甚麼都看不見！別

說魔術人鐘了，就連裝魔術人鐘的玻璃櫃，我都不知道是哪個！太氣人了！」

「選擇在假期來，你應該有這個心理準備。」楊永樂無奈地說，「『五·一』假期、『十·一』假期、春節，這些旅遊高峯期，故宮裏的每個展館都是這樣，除了人你甚麼也別想看到。」

元寶絕望地看着我：「小雨，你一定有辦法讓我看到魔術人鐘，對嗎？我坐了五個小時的高鐵，連飯都沒吃……」

「好吧。」我只好答應，「我想想辦法。」

下午四點五十五分，我帶着元寶和楊永樂準時來到鐘錶館。雖然這時候距離故宮閉館還有五分鐘，但是鐘錶館等展館總會提前一點關門，以保證遊客們能準時離開故宮。

鐘錶館的管理員劉叔叔是看着我長大的。我央求了他好久，他才勉強同意在遊客離開後，讓我們多參觀五分鐘。

「一定要小心，甚麼都不要碰。」進入展館前，劉叔叔囑咐我們。

「您放心吧。」我拍着胸脯說。

一切看起來很順利，我帶着元寶和楊永樂走進展館，周圍都是精美無比的機械鐘錶，鐘錶上的寶石沐浴在明亮的燈光下，閃閃發光。沒費甚麼力氣，元寶就看到了他期盼已久的魔術人鐘。

聚光燈下的魔術人鐘顯得金光燦燦。它的外形是一座金色的西式廟宇，廟宇的屋頂上立着一個可以轉動的紅球，紅球上站着一隻金絲雀。此刻廟宇的門是關着的，看不到魔術師的影子。

「怎麼能讓它運轉起來呢？」元寶皺着眉頭問。

「很簡單，上足發條就行了。」楊永樂把手伸進展櫃，開始扭動大鐘背後的發條。

「喂！」我想阻止他，「小心點，要是弄壞了，我們就死定了。」

「不會的。」楊永樂把手收回來說，「看！發條已經上好了。」

真的，「叮叮噹噹」的音樂聲在大廳裏響起。金色廟宇的大門打開，一個頭上紮着小辮子、嘴上留着小鬍子的魔術師出現在大門裏。他穿着黑色的長袍，紮着紅色的腰帶，兩手各握着一個金色的杯子。他面前是一張鋪了紅布的桌子，桌面正中間放着一個純金的小花籃。

機械魔術師看到我們，點了點頭，又眨了眨眼睛，做着和我上次看到他時同樣的動作。緊接着，他微微一笑，那是一個很不容易被人察覺的微笑，但我仍然看到了。這讓我吃了一驚，上星期我來看他表演的時候，他明明不會微笑啊。難道機械鐘每次運轉的程序都不一樣嗎？

之後的表演沒有任何異樣。機械魔術師拿起杯子，開始展示下面甚麼都沒有，然後他放下杯子，再拿起，小球出現了，他每拿起一次杯子，杯子下面的小球就多了一個……這讓我放下心來，甚至開始懷疑自己上次是不是看漏了魔術師的微笑。

元寶和楊永樂已經完全被機械魔術師的表演吸引住了。他們嘴裏不停地「噢」「啊」地讚歎着，眼睛裏閃着亮光。終於到魔術最精彩的部分了，桌子上的花籃在音樂聲中「咔」地裂開，但這次出現的卻不是我印象裏的小鳥，而是大團、大團的白煙。

「天啊！」我被嚇壞了，魔術人鐘不會是出故障着火了吧？

白色的煙霧中，一個小小的灰色的影子閃現了一下，就消失了。

楊永樂也被嚇壞了，他到處亂轉：「消防栓！消防栓在哪兒？」

「別慌！這不像是燃燒散發出來的煙霧。」元寶卻鎮定地說，「好像是水蒸氣。」

「水蒸氣？哪兒來的水蒸氣？」魔術師會變水蒸氣嗎？我怎麼從來沒聽說過。

沒有火苗，也沒有燒焦的味道，煙霧很快就消失了。

「叮叮噹噹」的音樂聲中，屋頂的小鳥開始不斷地轉動鳴叫，鐘下面的轉動花盤不停地變幻着顏色。看起來，魔術人鐘又恢復了正常的運轉，只是少了點甚麼……機械魔術師不見了！

「怎麼回事？」我驚恐地看着大鐘，張大了嘴巴。這太可怕了！那個小小的魔術師居然在我們的眼皮底下消失了！

「喂！他在那兒！」楊永樂朝旁邊的展櫃追過去。我能

看到一個小人兒快速地晃了一下，然後竄到了展櫃下面，不見了。

「必須抓到他！」我說，「如果他跑丟了，所有人都會認為是我們偷走的！」

元寶跑到門口，快速關上了展館的門：「別讓他溜到外面去。」

「他在展櫃下面。」楊永樂蹲下來朝展櫃下面望，「我想我看到他了，這裏有沒有棍子之類的東西？」

元寶從門口拿起一把掃把：「我們可以用這個。」

我和楊永樂一起蹲在地上。「我把他弄出來，你負責抓住他。動作要快，否則他就會再次跑掉。」我說。

我用掃把輕輕捅了一下魔術師。魔術師往後退，緊緊靠在牆上。我能看到他，一個小小人兒，安靜地待在黑暗中，就像是被壞人追趕得走投無路的人。

「天啊，他是怎麼活過來的？」我嘴裏嘟囔着。

「他往那邊跑了！」楊永樂爬起來。魔術師已經跑了出來，飛快地穿過展廳，衝向大門。在他快要跑到門口的時候，楊永樂一把抓住了他的一條腿。魔術師掙扎了幾下，但是楊永樂牢牢地抓住了他。

「呼！太好了！」我鬆了口氣。

「現在怎麼辦？」楊永樂問。

「還能怎麼辦？快點把他放回魔術人鐘裏，劉叔叔馬上就要進來了。」我催促着。

我們一起把魔術師塞回展櫃裏，並牢牢關上了展櫃的門。玻璃展櫃裏，魔術師一臉沮喪地看着我們。

「你是怎麼活過來的？為甚麼要跑？你不喜歡待在這裏嗎？」

元寶有一連串的問題想問他，但魔術師卻一句話也不回答。

「他可能在生我們的氣。因為我們把他抓回來了。」楊永樂說。

「噓！別說了，劉叔叔進來了。」我小聲提醒他們。

劉叔叔在展廳門口招呼我們：「參觀結束，我要關門了！」

我們乖乖地離開展廳，和劉叔叔道別。

回到我媽媽的辦公室，我們三個人同時癱倒在牀上。

「真危險啊！」我深深吸了口氣說，「要是魔術師逃跑成功了，估計今天晚上我們就會被警察帶走。」

「我想不明白，他是怎麼活過來的？」元寶皺緊了眉頭。

「在故宮裏，甚麼活過來都用不着驚訝。」楊永樂勸他，「別說一個機械魔術師，就是哪天整座太和殿突然長出

腿，開始跑來跑去，我也不會太吃驚。」

「難道是因為能量轉換？」元寶仍然在自顧自地琢磨着，「燈光的能量、大量參觀者散發出來的能量、機械傳動裝置帶來的能量等被魔術師吸收，成為刺激他活過來的動力。你們說會不會是這樣？」

「天啊，你又想用科學的知識來解釋這件事嗎？」楊永樂翻了翻白眼，「真的沒那麼複雜，在故宮裏，活過來就是活過來了，就像那些神獸、神仙，一到晚上還不是到處跑。」

「這不一樣。」元寶反駁，「怪獸和神仙都是曾經有過生命的。但是魔術師從開始就只是個機械人，是鐘錶的一部分，從沒有誰給過他生命。」

「喂，匹諾曹的故事你聽說過吧？他是《木偶奇遇記》裏的主人公。」我說，「也許魔術師和匹諾曹一樣，製作他的瑞士鐘錶商從一開始就賦予了他感情，給了他生命，只是其他人一直不知道。」

「《木偶奇遇記》是童話故事。」元寶並不滿意我給出的答案，「但今天，我可是親眼看到一個鋼鐵做的小人兒活了。」

「好吧，也許就是因為你說的能量轉換。」

楊永樂搖了搖頭，不想再和元寶爭辯了。我們都很慶

幸元寶沒有長期生活在故宮裏，否則每天他都會因為稀奇古怪的事情而想得腦袋疼。

「小雨，明天早晨開館前，我能不能再去鐘錶館看看？」元寶問。

「還要去？」我的臉色都變了。

「我有點不放心。」元寶說，「萬一魔術師又跑出來了，到時候人們還是會怪罪在我們身上。畢竟我們是最後一批看到他的人。」

他這麼一說，我也開始擔心了：「好吧，明天早上我們再去確認一下。」

第二天仍然是假期。沒有鬧鐘，也沒有媽媽的催促，我們卻比平時任何一天都起得早。

走進鐘錶館的時候，劉叔叔和保潔阿姨們正在打掃庭院。展館的門虛掩着，我們趁人不注意溜了進去，直接衝向魔術人鐘。

最糟糕的事情發生了——如元寶所預料，金色廟宇敞開的小門裏空空如也，根本看不到魔術師的影子。我們圍着玻璃展櫃檢查了一圈，結果發現展櫃的門被推開了一條小縫，機械魔術師又跑了！

「他是怎麼做到的？玻璃門明明是從外面固定的，我保證我昨天固定好了。」楊永樂心驚膽戰地說。

「他是魔術師，有甚麼事情做不到？」我比他還要害怕，如果這件事被劉叔叔發現，我真不知道該怎麼和他解釋。

「現在怎麼辦？」

「還能怎麼辦？找啊！」

我們迅速趴在地面上找了起來，把每個展櫃下面的縫隙都仔仔細細地看了一遍，但是仍然沒有發現魔術師的影子。

我的冷汗都流下來了，魔術人鐘可是國寶啊！我們肯定要被警察抓走了。

就在這個時候，我聽見元寶輕聲說：「啊！他在這兒！」

我「唰」的一下迅速站起來，朝元寶跑去：「哪兒？在哪兒？」

「噓！」元寶把食指放到嘴脣上，「輕點，你們快來看，這真的很有趣。」

有趣？

我和楊永樂輕手輕腳地走過去。

「我的天啊！」

這座高大的玻璃展櫃裏，展出的是紅木人物風扇鐘。它比一個成年人還要高出許多，下面是雕刻着花籃花紋的

紅木箱子，上面是長方形底座，掛着白色的鐘錶錶盤。底座上方，跪着一個梳着二把頭的漂亮小宮女，她左手拿着一隻桃子，右手拿着一把桃形扇子，正笑盈盈地為機械魔術師搧扇子。而魔術師呢？他正享受地靠在身後的木雕山石上，瞇着眼睛，微笑着看着眼前的小宮女。小宮女幫他搧一會兒扇子，他就會忽然變出一個小紅球，來逗小宮女開心。

「他們……他們在幹嗎？」元寶的臉有點紅。

「看起來他們關係不錯。」楊永樂也尷尬地看向別處。

「哈哈，你們不好意思甚麼？」我笑了，「又不是你們在談戀愛。」

「喂！你怎麼說得這麼直接？」元寶差點捂住我的嘴。

「好了，我們別打攪他們了。」我拉着他們倆往外走。

「不用把魔術師放回他的展櫃裏面嗎？」楊永樂問。

「我覺得不用了。」我說，「他會在開館前自己跑回去的。你們沒看出來嗎？他們可不像才認識一兩天的樣子。既然以前沒被人發現，那麼以後也不會被人發現的。」

我帶着兩個男孩離開了鐘錶館。果然，一整天也沒聽說魔術師消失的事情。熱鬧的鐘錶館，一切如常。

‖故宮小百科‖

魔術人鐘：鐘錶原是西洋傳入的「奇器」，深得中國宮廷貴族喜愛。當時外國的商人、傳教士等為了討皇帝開心，會將鐘錶等西方科學作為禮物送給皇帝。送來的鐘錶一個比一個複雜，有獨特的演繹功能。故事中的魔術人鐘是由瑞士鐘錶大師路易斯．羅卡特在道光九年（1829年）製造，由一千多個零件組裝成七套聯動裝置，是世界上結構最複雜的鐘錶之一。

紅木人物風扇鐘：高為194厘米，底為邊長54厘米的正方形，由清宮造辦處製造。這座鐘錶分為兩部分，上半部分有須彌式底座（源自印度，為安置佛像、菩薩像的台座，上下凸出，中間凹進去），正面中心為三針時鐘，鐘盤周圍鑲嵌料石。底座平台上有一個面帶笑容的童子，其左手持桃，右手握桃形扇。下半部分是箱座，內有抽屜。

6
成為獵物

我滿足地坐在積翠亭裏，清爽的風裏夾雜着菊花的氣息。

假期這幾天，故宮都快被遊客們擠爆了，所有的工作人員都在加班。本來我還想趁着假期和媽媽出去玩，現在看來在「十·一」假期結束之前，我媽媽是不可能離開西三所的辦公室了。何況，還有元寶，他從上海來到故宮後，一天到晚纏着我和楊永樂，我根本沒辦法脫身。

所以，在故宮閉館後，能一個人安靜地坐在乾隆花園裏休息一會兒，對我來說真是件幸福的事情。

我背靠柱子，把腿搭在椅子上，閉着眼睛，滿足地長

呼了一口氣。忽然，我感覺後背火辣辣的，好像有誰在盯着我看。我睜開眼睛，四處尋找。積翠亭位於太湖石假山的山頂，視野很好。我很快就發現，山腳下的一塊假山石後面有個黑乎乎的影子。

是野貓嗎？好像個頭比較大。狐狸？也不對，他的體形比狐狸的還要大。那會是甚麼呢？我緊張起來，故宮裏應該沒有這麼大個頭的動物。

「鎮定！」我對自己說，「故宮裏有甚麼東西能嚇到我嗎？沒有。哪怕是怪獸，他們也都是無害的。」

我站起來，專心注視着那個影子，想看清楚到底是甚麼東西。但這時候，黑影突然不見了。假山石上只剩下最後一片光亮和一片被風吹來的樹葉。我跌坐到椅子上，發現自己的手心裏都是汗。

天還沒完全黑透，我已坐在失物招領處的單人沙發上了。「我想不出他會是甚麼，這才是我覺得最可怕的。」我緊握着沙發扶手，「他不像是故宮裏的動物，也不像是怪獸。那影子給我的感覺是圓乎乎的，有點像熊，但沒有熊體形大，鼻子好像要比熊的長。」

「聽你這麼說，就好像你真的見過熊似的。」楊永樂滿不在乎地說。

「我在動物園裏見過活生生的棕熊啊！」

「你看清他的臉了嗎？」元寶倒是挺感興趣。

「沒有。」我搖搖頭說，「他躲在陰影裏，是四爪着地的生物。我只能看到他的大致輪廓，沒法看清他的臉。」

「好吧。」楊永樂拉了把椅子坐到我對面，說，「小雨，這裏是故宮，到處都是守護這裏的怪獸和神仙。在這裏，沒有東西能傷害人類。你應該比我更清楚這點。」

「但是那個影子，真的很陌生。」我堅持說。

「也許是甚麼新的怪獸。」楊永樂說，「故宮裏肯定有我們還沒見過的怪獸。」

「好吧。」雖然嘴裏這麼說，但我並沒有覺得輕鬆。

「我們去食堂吃點好吃的，然後再踏踏實實地睡上一覺。你很快就會覺得沒甚麼可怕的。」楊永樂拍拍我的背，拿起了飯盒。

我們一起走出失物招領處，朝着食堂的方向走去。天已經完全黑了，路燈照亮了宮殿間的夾道，夜晚的氣息撲面而來。剛經過右翼門，我們就聞到了遠遠飄來的飯菜香味，香味引得每個人的肚子都「咕嚕嚕」直叫。

「我希望今天晚上有紅燒排骨。」元寶舔了舔嘴唇。

「我也是。」我揉了揉肚子。

跨過門檻的時候，我的腳被絆了一下，要不是正好撞在元寶身上，肯定會摔個臉朝地。

「哎呀，我的鞋帶鬆了，你們先走，我馬上追上來。」

元寶和楊永樂點點頭，也顧不上說甚麼，就朝着食堂走去。我蹲下來繫鞋帶，等到我再站起來時，只能看到黑夜裏他們模糊的背影了。

這兩個人怎麼走得這麼快啊？我心裏埋怨着，加快腳步想跟上他們。突然，我驚訝地跳了起來。

這是甚麼？在距離我一米遠的地方突然出現了一盤紅燒排骨，冒着熱氣，旁邊還放着一個閃着微光的金元寶。

真令人難以相信！我慢慢地走過去，並朝四周張望。這是真的黃金嗎？我緊張地吸了口氣。但是，金元寶為甚麼會出現在這裏？旁邊還放着紅燒排骨，這組合也太奇怪了！難道是惡作劇嗎？我死盯着紅燒排骨和金元寶，覺得這太可疑了。

我很想彎腰去查看一下那個金元寶，但是我忍住了。這可能是個陷阱，也許有甚麼東西就在附近，等我彎腰撿金元寶的時候撲過來。一想到這兒，我渾身發抖。

我迅速朝周圍看了一圈，然後小心翼翼地繞過紅燒排骨和金元寶，一口氣跑到了食堂門口。等我回頭張望的時候，金元寶還在原地閃着光，但奇怪的是，它看起來模模糊糊的。一陣風吹過，金元寶和排骨的顏色忽然變淡，緊接着它們就消失在黑暗裏。

我嚇得倒吸了一口冷氣。我能感到有甚麼東西正在盯着我看，但卻不知道他在哪兒。

月亮慢慢升起，我沉默着走進食堂。楊永樂和元寶看見我的臉色，就知道一定發生了甚麼。他們很專心地聽我哭着說完剛才的經歷，臉上都露出了擔心的神色。

「我們必須報警！」元寶乾脆地說，「我敢肯定，紅燒排骨和金元寶都是誘餌。就像我們釣魚的時候會在魚鈎上放蚯蚓一樣。那傢伙一定是聽到了我們想吃紅燒排骨，所以把它變出來吸引你。至於金元寶，他可能是怕紅燒排骨的吸引力不夠大，所以……」

「看來他非常、非常了解人類，連我們最喜歡甚麼都知道。」楊永樂打斷了元寶，「只要是人類，看到地上有金子，都會撿起來的。」

元寶的臉色更難看了：「幸虧他瞄準的目標不是我，否則我肯定上當。我們趕緊報警吧！」

「報警沒甚麼用。」楊永樂搖搖頭，「既然是在故宮裏發生的，我們應該去找龍和斗牛。他們說不定知道這是怎麼回事，也只有怪獸們能保護小雨。」

「你說得對！」我「騰」地站了起來，「我現在需要保護，非常、非常需要保護。」

我們走出食堂，打算去雨花閣碰碰運氣。楊永樂和元

寶走在我兩側，但並不能讓我覺得安全。頭頂是一輪黯淡的月亮，朦朧的月光籠罩着一切。一陣哭聲從不遠處的黑暗裏傳來。

「你們聽見了嗎？」我停住腳步，看着我的夥伴們。

「聽見甚麼？」楊永樂問。

元寶則抓住了我的胳膊：「怎麼了？你是不是不舒服？」

聲音又一次傳了過來，是小孩子那種「嗚哇、嗚哇」的哭聲。我甩開元寶的手，朝着哭聲傳來的方向跑去。一瞬間，我彷彿看到了一個胖乎乎的小孩正在無助地找媽媽。

元寶和楊永樂邊喊邊追我，但我早就顧不上他們了。

終於，我看到他了。在慈寧門的台階前面，他不是個小孩，而是一個怪獸。他的身體像熊，但比熊要小一號。他長着象鼻、犀牛眼、獅子頭和老虎腳，白色的皮毛上有黑色的斑紋，正在學小孩哭。

我驚呆了，愣在原地。楊永樂和元寶這時追上了我，他們也被眼前的怪獸嚇了一跳。怪獸看到楊永樂和元寶後，轉身向反方向跑去，很快就消失在了黑暗裏。

「你們……看到了嗎？」我感覺到喉嚨緊緊的。

「是的，看到了。」楊永樂聲音低沉。

「真可怕，想不到故宮裏還有這麼詭異的怪獸。」元寶

臉色蒼白。

「你認識他嗎？」我問楊永樂。

「不認識。」楊永樂皺起眉頭思考着，「很可能又是從《獸譜》裏跑出來的怪獸。但肯定不是我很感興趣的那種，否則我一定會記得。」

「我倒覺得他很眼熟，他讓我想起了一種動物。」元寶忽然說。

「動物？」我吃驚地看着他。

元寶點點頭：「沒錯，如果他的鼻子再短一點的話，就非常像印度貘。印度貘是世界上最原始的奇蹄類動物，保

持前肢四趾、後肢三趾等原始特徵，會游泳和潛水。」

「印度貘是食肉動物嗎？」我關心地問。

「不，它是食草動物，絕對的素食者，只吃植物。」

元寶的回答讓我安心了一點。

「貘？」楊永樂眼睛一亮，「中國古代也有一種怪獸叫作『貘』，《獸譜》裏就有記載。但我記不清他的樣子了。」

「那種怪獸吃人嗎？」我只關心這個。

「這我倒是有印象，他是非常溫和的怪獸，不吃人，也不傷害其他動物。」楊永樂十分肯定地說。

「如果那個怪獸就是貘，他為甚麼想要捉我呢？」我瞪大了眼睛，「不是為了吃掉我的話，難道是為了別的甚麼事嗎？」

楊永樂上上下下打量了我好幾次，搖了搖頭說：「說實話，除了吃你，我實在看不出你還有甚麼其他價值？」

「也許，他並不是為了吃你，而是為了吃掉你的夢。」元寶忽然說，「你們聽說過日本傳說裏有一種怪獸叫作夢貘嗎？他會趁人們睡着時，吃掉人們的噩夢。」

「啊，我聽說過！」我大聲說，「聽說他會發出像搖籃曲一樣的叫聲，人們會在這種聲音下越睡越沉，夢貘會趁這時候吃掉他們的噩夢。」

「你聽到搖籃曲一樣的叫聲了？」楊永樂問。

「沒有，我只聽到小孩的哭聲，哭得可慘了，絕對不是甚麼搖籃曲。」我回答。

「如果是夢貘的話，他至少應該等你睡着的時候再出現吧？」楊永樂接着說，「但你每次碰到這個怪獸的時候，都十分清醒，沒有在做夢。」

「是的。」我做了一個深呼吸，「所以他應該不是衝着我的夢來的。」

「《獸譜》裏也沒有夢貘，只有貘這種怪獸。」楊永樂說，「我回頭好好去查一下貘的習性，弄清楚他為甚麼想捉你。」

「你確定他不吃人？」

「書上應該是那麼寫的。」楊永樂有點猶豫，「但是不知道他要是受到了甚麼刺激的話，會不會改變口味。」

「你別嚇唬我！」我真的被嚇壞了。

楊永樂笑了：「開個玩笑。走吧，我們送你回去。」

他們把我送回媽媽的辦公室，元寶留下來陪我，楊永樂回到失物招領處。元寶很快就進入了夢鄉，但我卻睡不着。

我警惕地盯着門口和窗外，注視着一切動靜。夜深的時候，有人輕輕敲門。也許是媽媽忘帶鑰匙了，我正準備去開門，卻留了個心眼。我把元寶從睡夢中拍醒，讓他和

我一起去開門。

「我正在做太空漫遊的夢。」元寶不情願地揉着眼睛。

我小心翼翼地打開門鎖，正準備推門的時候，門卻迅速被打開了。這讓我重心不穩，摔倒在地上。濃密的煙霧從門外湧進來，我甚麼都看不清了。

「元寶！快拉我起來！」我大聲叫道。

「我正拉着你呢！」元寶說。

「你在哪兒？」

「你沒感覺到嗎？我抓着你的手呢。」

「沒有啊，沒人抓我的手。」

「糟糕！」元寶非常緩慢地說，「太糟糕了。」

「甚麼？」

「我現在正抓着甚麼？」

「快扔掉！」

可惜太晚了，一股臭烘烘的氣味在空氣中瀰漫開來，元寶已經癱倒在地。我試圖自己站起來，煙霧中一個怪獸正朝我走過來，緊接着，我眼前一黑……

「喂！醒醒！你們這倆孩子！睡在哪兒不好，非要睡在地板上？」媽媽使勁搖晃着我的肩膀。

我迷迷糊糊地睜開眼睛：「發生了甚麼？」

「我哪知道？我一進屋就看見你們睡在地上。」

媽媽使勁把我拖到牀上，又把熟睡中的元寶也拖上牀。

稍稍清醒以後，我忙着檢查自己的身體。一切都完好無缺，沒有任何傷口，連睡衣都好好的，就是沾了不少土。我如釋重負地鬆了口氣。我差點以為自己要沒命了。

「媽媽，你怎麼這麼晚才回來？」我吸着鼻子，快要哭了。

「故宮裏出現了偷竊案，很多門把手都消失了。還有一些露天的金屬貨架和食堂廚房裏的幾口鐵鍋、幾把菜刀，全都不見了。而且，就是今天天黑以後的事。」她煩躁地說，「我們一直在清點損失。好在文物沒有丟失，也沒有損壞。我真想知道那些一人多高的大貨架是怎麼被偷走的，它們那麼沉，而且不值錢，偷它們幹甚麼呢？難道是惡作劇？」

「怪事真多……」我小聲感歎着。

「是啊，我也無法理解。」媽媽摸摸我的頭說，「我們還是睡覺吧，希望明天一切都能正常起來。」

我躺在媽媽的懷裏沉沉地睡去，再次睜開眼睛的時候，已經是第二天上午了。元寶也醒了，他直勾勾地看着天花板，回憶着前一天晚上發生的事。

「是那個像貘的怪獸對吧？」他問我。

「我看到了，就是他！」

「他咬你了嗎？」他打量着我。

「沒有，要是咬了，你以為我還能好好地躺在牀上嗎？」

「那他來幹嗎？你少了甚麼東西嗎？」

我搖搖頭：「我不知道。我好好的，洞光寶石耳環也沒丟。如果說少了甚麼東西，那就是我頭上的髮卡沒了。你記得嗎？我昨天戴着的那個，銀色的不鏽鋼的圓髮卡。」

「當然記得，就是很像髮帶的那個。那麼粗的髮卡，我怎麼能看不到？」

「只有它不見了。我找遍了牀上、地上都沒有。」我說。

「肯定是你摔倒的時候，掉到院子裏了。」元寶說，「那個怪獸怎麼可能因為一個髮卡來攻擊我們呢？」

「也許吧。」我坐了起來，「我永遠也不想和那個恐怖的怪獸打交道了。」

這時候，楊永樂推門走了進來。

「喂！你們知道我發現了甚麼嗎？」他大聲說。

元寶則無精打采地說：「你知道我們昨天晚上經歷了甚麼嗎？」

「經歷了甚麼？」楊永樂好奇地問。

「那個怪獸襲擊了我和元寶！」我回答。

「不可能！這怎麼可能？說不通啊。」楊永樂皺起眉頭說，「貘從來不傷害人。《獸譜》裏說他甚至可以幫助人類免除災禍。」

「看來古人對這種生物的了解不夠全面。」元寶說。

「你們受傷了嗎？」楊永樂問。

「沒有。」我搖搖頭，「所以我也想不通，他為甚麼要襲擊我們？」

「《獸譜》裏說，貘不是食肉動物，連蟲子都不吃。他只喜歡吃鐵或者鋼……」

「等等！你說甚麼？」我打斷他，問，「貘喜歡吃甚麼？」

「鐵、鋼、銅這類金屬。怎麼了？」楊永樂用疑惑的眼神看着我。

「天啊！我明白了。」我從牀上跳起來，「我終於明白他為甚麼想捉住我了。」

「為甚麼？」楊永樂急切地問。

「因為我的髮卡，那個不鏽鋼的大髮卡。貘想吃掉的不是我，而是那個金屬髮卡。」我笑了起來，「這樣一來，故宮裏的偷竊案也能破獲了。」

「故宮裏有偷竊案？」元寶吃了一驚。

「是的，我媽媽昨天晚上告訴我的。丟的東西很奇怪，都是甚麼門把手、鋼鐵貨架、鐵鍋和菜刀這類金屬製品。現在我終於知道這些東西去哪兒了，它們肯定都被貘吃進肚子裏了。」

「就算說出來，估計也沒人會相信吧？」元寶長呼了一口氣。

「是啊，除了我們，故宮裏誰會相信，這些都是一個吃金屬的怪獸幹的呢？」我笑着說，「今天晚上，我們必須去找一下斗牛。他得儘快把貘送回《獸譜》去，貘實在太能吃了。再這樣下去，接下來倒霉的估計就是銅獅子他們了。」

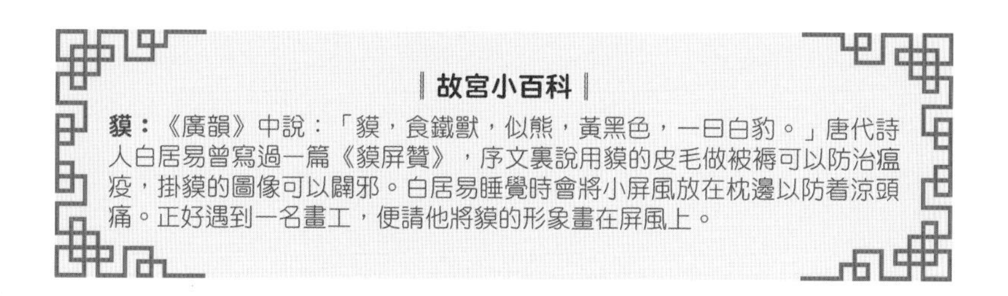

故宮小百科

貘：《廣韻》中說：「貘，食鐵獸，似熊，黃黑色，一曰白豹。」唐代詩人白居易曾寫過一篇《貘屏贊》，序文裏說用貘的皮毛做被褥可以防治瘟疫，掛貘的圖像可以闢邪。白居易睡覺時會將小屏風放在枕邊以防着涼頭痛。正好遇到一名畫工，便請他將貘的形象畫在屏風上。

7
雷神的新名字

天快要黑的時候，下雨了。

路燈還沒來得及亮起，御花園裏的一切都隱藏在天邊淺橘色的微光下。唯一可以看清的只有欽安殿。那座高大、精緻的宮殿像夜空中的月亮，在昏暗的雨中依然閃着光。

不一會兒，雨就下大了，天空中時不時傳來「轟隆隆」的雷聲。雨點「啪嗒、啪嗒」地打在我的雨傘上面，發出猛烈的聲響。我的鞋和褲腿都已經濕透，再這樣走下去，估計到不了西三所，我就會變成一隻「落湯雞」。

我在欽安殿的屋簷下收起傘，打算在這裏避會兒雨，

發現一隻肥嘟嘟的小刺蝟已經先我一步來到了這裏。

「天氣真糟糕啊！」刺蝟對我說。

「是啊。」我點點頭，站到他旁邊。

欽安殿的屋簷要比我的雨傘寬大得多，我們緊緊靠在宮殿的紅門上，雨即便再大，也淋不到我們。

「這兒絕對是御花園裏最好的避雨地。」刺蝟讚歎道，「我的洞都快變成游泳池了。」

「為甚麼不在地勢高一點的地方挖洞呢？」我問。

「沒辦法啊，御花園裏實在沒有甚麼地方好選。」刺蝟歎了口氣，「要是今年雨水多，我就只能搬家了。聽說有個叫景山的地方就很不錯，距離也不遠。可惜的是，從故宮去景山，必須經過一條人類修建的馬路。聽說馬路很危險，因為那上面有一種不長眼睛的野獸叫作汽車，每年都會有不少動物在馬路上被汽車吃掉。」

給人類帶來方便的汽車竟然給無辜的動物帶來災禍，真讓人意想不到。我驚奇地問：「你們覺得汽車是野獸？」

「我奶奶告訴我的。」刺蝟說，「每隻刺蝟小時候都聽過汽車吃掉小動物的恐怖故事。不過，我還沒見過汽車的樣子。故宮裏有怪獸們保護，汽車是不敢進來的。」

我正在為故宮裏的動物感到慶幸，忽然，空中「唰」的一下劃過一道閃電，四下裏瞬間被照得像白天一樣亮。

緊接着，一個雷在我們的腦袋頂上「轟」地炸開，嚇得我和刺蝟都捂住了耳朵。

雷聲過去後，刺蝟鬆了口氣：「呼！這雷聲真夠響的。我們刺蝟比其他動物多一層鼓膜，所以聽到聲音的機會更多。這種雷聲真要命，我的頭都快被炸開了！」

「你們居然是兩層鼓膜？」說實話，我之前都不知道刺蝟有耳朵。牠們的身體常常蜷縮成鼓鼓的一團，很難看出耳朵長在哪裏。

「厲害吧？」刺蝟得意地笑了，「所以我們能聽到的聲音比其他動物多，遇到危險可以比別人先逃跑。當然也有壞處，比如趕上這種破天氣。我最討厭的就是雷聲，哪怕我躲在很深的洞裏，雷聲都會讓我渾身發抖。我們刺蝟家族裏，曾經出現過好幾次被雷聲震破鼓膜的事情。呼！那可真受罪。」他說着，渾身打了個冷戰。

「要是這樣，打雷時，你們最好躲進隔音室裏去。」

「隔音室？那是甚麼地方？」刺蝟好奇地看着我。

「就是裝了隔音板的屋子。我學鋼琴時就在一間隔音室裏，無論我彈得多難聽，外面都聽不見。同樣，外面的聲音，我也一點都聽不到。」

「世界上居然有那種好地方？」刺蝟露出了羨慕的眼神，「人類可真聰明。」

雨下得更大了，一道道閃電劃過天空，緊跟着一聲聲炸雷響徹大地。天空此刻變得像一個巨大的戰場，刀光劍影，戰車轟鳴。似乎有千軍萬馬正在雲端激烈地交戰。南方和北方的天空各不相讓，互相攀比，看誰的閃電更亮，誰的雷聲更響。

我被連綿的閃電和雷聲嚇壞了。而我身邊的刺蝟，居然在一個巨響無比的雷炸響後，就癱倒在地上，肚皮朝天，四腿僵直，一動不動了！

他不會是被嚇死了吧？我趕緊蹲下來，把手指伸到他的鼻子下面試了試。還好，呼吸還在，他應該是被嚇暈過去了。我把刺蝟捧在手裏，輕輕按壓他的胸口。

「咔嚓！」又是一聲響雷，刺蝟像在睡夢中被驚醒一樣，在我的手心裏坐了起來。

「發生……發生了甚麼？」

「你被嚇暈了。」我把他放回地面。

「呼！我還是第一次暈過去。怪不得頭那麼疼，胸口像被壓了塊大石頭。」刺蝟喘着粗氣說，「從出生到現在，我第一次見到這麼厲害的雷雨。」

我抬頭望向天空：「是啊，我見過的雷和閃電加起來，也沒有今天的多。」就在一剎那間，一道白色的閃電「唰」地掠過了欽安殿的屋脊，黃色的琉璃瓦上冒出一股白煙。

「糟糕！」我皺起了眉頭，被閃電劈中是宮殿着火的主要原因之一。在故宮建成的六百年中，有好幾次大火都是由閃電引起的。

我伸長脖子朝屋頂張望。可是，欽安殿的屋頂實在太高了，無論我怎麼看，也看不到那裏有沒有着火。

這時，又一道明亮的閃電從天而降。在閃電刺眼的亮光中，我看到一個高大的人影出現在宮殿前方。他長着三隻眼睛、鳥嘴，頭戴金色的天丁冠，身穿紅色短裙。他身後長着肉乎乎的紅色翅膀，手拿雷鑽，手腕和腳腕上都套着金環，看起來是一位很厲害的神仙。

「哇！」刺蝟叫出了聲。

神仙瞥了我們一眼，展開翅膀飛上了欽安殿的屋頂查看冒煙的地方。在確定並沒有着火後，他站在屋頂上仰望天空，仔細辨別着閃電和雷聲傳來的方向。在一陣炮聲一樣的雷鳴後，神仙像紅色的箭一樣衝上天空，鑽進了濃密的烏雲裏。

霎時間，大雨中掀起了狂風，狂風吹散了我們頭上的烏雲，灰濛濛的天空露出來了。緊接着，雨小了，閃電不再出現，雷聲也消失了。狂風暴雨在幾分鐘後變成了綿綿細雨。很快，連風都停了。

我和刺蝟吃驚地看着天空，這一切變化得太快了，簡

直讓人不敢相信。

一道紅光照在欽安殿的台階前，等到紅光消失，那位威武的神仙再次出現在我們面前。和之前不同的是，他的腰上多了五面巴掌大的小鼓。

刺蝟鼓起勇氣問：「請問……您是哪位神仙？」

神仙打量着我們：「我乃雷部主帥鄧天君。」

我的眼睛瞪得老大：「您是雷神？」

進過欽安殿的人，都會被牆壁上十二位雷神的畫像震撼。他們穿着華麗的戰袍站在雲霧之中，威風凜凜地守護在真武大帝的身邊。傳說中，他們都擁有自己獨特的本領和高強的法力，不但能控制雷鳴和閃電，呼風喚雨，還可以祛除瘟疫、災禍和魔鬼，主持正義，甚至治病救人。

他們都是神仙中的將軍，很少會在故宮裏閒逛，更別說去狐仙集市或者怪獸食堂那種地方了。所以，雖然我早就知道欽安殿裏住着十二位威武的雷神，但是我從來沒有碰到過。

「雷霆欻火律令大神炎帝鄧天君在此。」他回答。

哎呀！好長的名字啊，我一下子沒記住。

「您能再說一次名號嗎？」我小心翼翼地問。

鄧天君咳嗽了一聲，又說了一遍：「雷霆欻火律令大神炎帝鄧天君在此。」

糟糕，還是沒記住。我撓了撓腦袋，只能放棄了。

「請問雷神，剛才天空中發生了甚麼事情啊？我從來沒聽到過那麼響的雷聲。」我問道。

鄧天君冷笑了一聲：「沒甚麼大事，不過是東方蠻雷、南方蠻雷、西方蠻雷、北方蠻雷和中央蠻雷打起來了。」

「雷自己還會打架？」我還是頭一次聽說。

「我手下這五員雷將，誰都不服誰，誰也不喜歡誰，個個都是火爆脾氣。」鄧天君歎了口氣說，「以前頂多是其中兩個互相鬥氣，擺開雷陣胡鬧一場。今天他們互相賭氣，誰都想證明自己的本事最大，結果打成了一團，雷火居然都劈到了欽安殿，我只能出手了。」

說着，他舉起雷鑽，把腰上掛着的每面小鼓都狠狠敲了幾下。那鼓聲居然如雷聲般響亮，嚇得刺蝟一下子躲到了我身後。我也趕緊捂住了耳朵。

「你們怕雷聲？」鄧天君收起雷鑽，不好意思地說，「驚擾到你們了，還請原諒。不過請放心，這五個惹禍精已經被我押在這裏，在我把他們放出來之前，都不會打雷了。」

「你把那些雷都變成鼓了？」刺蝟瞪大眼睛，盯着那幾面小鼓。

「這也是沒辦法的事情。」鄧天君說，「以前他們打

架，我還會好言好語地勸他們。可是，這些鑾雷根本不聽。所以，後來只要他們一惹禍，我就讓他們變回原形，把他們拴在我的腰上，讓他們一個挨着一個，老老實實地待在一起。這恐怕是對他們最好的懲罰了。」

「我不明白，為甚麼讓他們待在一起就算是懲罰了呢？」我問。

「對於這些鑾雷來說，控制脾氣是最難的事情。變成了鼓，他們只能緊緊挨着自己最討厭的傢伙，不能發脾氣，更不可能打架。除非我敲他們，否則他們連聲音都不能出，這不是最好的懲罰，還有甚麼是呢？」鄧天君笑着說，「你看他們這副氣鼓鼓的樣子，哪兒還有一點雷將的威風？就讓這些鑾雷好好冷靜一段時間吧，收收自己火爆的脾氣，省得危害人間。」

「太帥了！」刺蝟眼睛裏放着光，他邁着小短腿飛快地爬到鄧天君面前，「雷甚麼甚麼鄧天君，您是我見過的最、最、最帥氣的神仙！」

「雷霆欻火律令大神炎帝鄧天君。」鄧天君糾正他，但看起來鄧天君並沒有因為刺蝟說不全自己的名字而生氣。

「對、對！雷霆唰唰唰大火鄧天君……」

「雷霆欻火律令大神炎帝鄧天君。」鄧天君繼續耐心地糾正。

「嗯！雷霆唰唰唰大火神，炎熱的鄧天君。」刺蝟努力地學着。

「還是不對。」鄧天君提高聲音說，「是雷霆欻火律令大神炎帝鄧天君。」

「哦！這下我知道了。」刺蝟一本正經地說，「您是雷霆唰唰唰大火，小毛驢大神，炎熱的鄧天君。」

鄧天君聽傻了，他半張着嘴不知道該怎麼糾正刺蝟。愣了幾分鐘後他只好說：「算了，你稱呼我鄧天君就可以了。」

「謝謝您！」刺蝟滿臉感激地說，「鄧天君，我們刺蝟恐怕是最怕雷聲的種族之一，而您居然可以輕易收服那麼多的雷，您簡直是我們的大救星！」

「這本來就是我的職責，用不着感謝。」鄧天君有點不好意思地說，「其實，我更喜歡遨遊太空，吞吃鬼怪，懲罰惡人。但是作為雷神，最常做的事情還是給這些蠻雷勸架，也挺無聊的。」

「那您這次打算關他們多久呢？」刺蝟問。

「這次他們惹出這麼大的禍，差點燒了欽安殿，不好好懲罰可不行！」鄧天君板起臉說，「所以，我要好好關他們一段時間，直到他們徹底悔過才會放他們回去。」

雨滴打在五面小鼓上面，發出「咚、咚」的輕響，彷彿是蠻雷痛苦的呻吟聲。

「太棒了！」刺蝟高興地跳了起來。他那笨重的身體，能跳起來可真不容易，「您關他們的時間越長越好。這下子，我可以很長一段時間不用擔心自己的耳朵了。為了感謝您，我一定會帶領故宮的刺蝟們好好祭拜您！以後，您就是我們刺蝟家族最崇拜的神靈了！」

經過刺蝟的這一通吹捧，我看到鄧天君的臉都紅了。

「時間不早了，我必須回去向真武大帝覆命了。告辭！」鄧天君搧了搧翅膀，「呼」地變成一道耀眼的紅光，消失在欽安殿裏。

刺蝟一直用閃閃發光的眼神看着鄧天君消失的地方，看了好久，才滿足地吸了口氣。

「我終於有偶像了！鄧天君就是我的偶像！」刺蝟快樂地在細雨中轉着圈。

雨小了，我撐開雨傘，告別刺蝟，離開了御花園。

幾天後的傍晚，去狐仙集市的路上，我又碰到了那隻刺蝟。不過，這次可不止他一隻。他的身後跟着一大羣大大小小的刺蝟，他們正一起恭恭敬敬地給一塊木牌子作揖。木牌子上面用墨水筆寫了字，牌子前面還擺着很多刺蝟們愛吃的肉蟲子和瓜果。刺蝟們看起來很嚴肅，尖尖的嘴裏還在默默唸叨着甚麼。

我悄悄地從他們身後走到距離木牌不遠的地方，借着路燈的燈光，我看清楚了上面的字。結果我一下子沒忍住，「撲哧」笑出了聲。

那上面居然歪歪扭扭地寫着：雷霆唰唰唰大火小毛驢大神炎熱的鄧天君。

故宮小百科

雷霆欻火律令大神炎帝鄧天君：故事中有着長長的名字的雷神是道教中的雷部主帥。《道法會元》中鄧天君的形象是赤髮金冠，青面，有三隻眼睛、鳳凰似的鳥嘴及一對肉翅，左手執鑽，右手執槌，好不威風。傳說鄧天君的名字是鄧伯溫，昔日跟隨黃帝，在涿鹿之戰中打敗蚩尤。

8
冒牌出租車

秋天快要結束的時候，寶相花街的狐仙集市上出現了一個小郵箱。

郵箱是銀色的，上面有翅膀的圖案。郵箱最上方寫着幾個大字：天馬出租車預約站。它的側面寫着很詳細的使用說明，大概的意思就是，只要你把想預約的時間和地點寫在卡片上投進郵箱裏，天馬出租車就會準時上門去接你。

「啊，好漂亮的郵箱啊！」

路過的動物和神仙們都忍不住停下來看一看。

「這下預約天馬出租車就方便多了。」

「天馬還真是想了個好辦法。」

大家紛紛這樣說。

我卻覺得有點奇怪。天馬出租車的生意每天好得不得了。大多數時候，如果你不提前一星期和天馬預約，根本就預約不上。天馬經常要為不停地拒絕客人而苦惱，他為甚麼還要設立這樣一個預約郵箱呢？這樣的話，他不是要拒絕更多的客人了嗎？

「也許是最近出租車的生意不好了。喵——」梨花猜測道。

「你最近見過天馬嗎？我很久沒見過他了。」

「喵——沒有，自從他經營天馬出租車以後，除非有重大事件，我很少能見到他。」梨花搖着頭說。

既然見不到天馬，當然也沒法問他這是怎麼回事。但是沒過幾天，有關天馬出租車的消息卻多了起來：

天馬出租車居然送錯了地方……

天馬戴了很奇怪的人臉面具，嚇壞了小貓崽……

天馬在故宮裏迷路了，繞了好久也沒找到地方……

天馬接顧客居然遲到了……

…………

連梨花都開始覺得奇怪了，天馬經營出租車挺長時間了，但從來沒出現過迷路、遲到這種事情。她想採訪天馬，問問是怎麼回事。她把請求採訪的卡片放進預約郵箱，但是過了好幾天，也沒收到回信。於是，她想到了我。

「你預約一次天馬出租車吧，喵——」梨花說，「這樣我就有機會採訪天馬了。」

「為甚麼你自己不預約？」我問。

「喵——我怕他不理我。你知道天馬一直不太喜歡我報道他的八卦消息。」梨花說，「但這次，我是真想弄清楚哪裏出現了問題，那些消息是不是真的。天馬在故宮裏迷路，你覺得這正常嗎？」

「是不太正常，他已經在這兒住了六百年，知道故宮裏所有的角落，絕對不可能迷路。」我承認，「還有那個傳聞，說天馬居然戴人臉面具，這更不正常了。」

「是啊，天馬是戰神，他才不會戴面具這種孩子氣的東西呢。喵——」梨花點頭說，「所以，我們一起去弄清楚

發生了甚麼事，怎麼樣？」

「好吧，我來預約。」我同意了。畢竟我也很關心天馬，他是我最好的怪獸朋友之一。當年就是在我的鼓勵下，他才開始經營出租車的。

當天晚上，我把寫好預約時間和地點的卡片投進了預約郵箱——時間是第二天晚上七點半，地點是慈寧宮花園的吉雲樓前。選擇那個地點，是梨花的建議。吉雲樓的位置比較偏僻，如果不是特別熟悉故宮，很難找到那裏。梨花想看看，天馬是不是真的會迷路。我很快就收到了回覆，那是一張小卡片，上面歪歪扭扭地寫着，天馬出租車會準時來接我。

第二天黃昏，太陽剛剛落山，天邊仍飄着紫紅色的晚霞。我和梨花坐在吉雲樓門前的台階上等天馬，旁邊的白皮松在風中發出「沙沙」的聲音。

到了約定的時間，慈寧宮花園裏並沒有出現天馬的蹤影。

「喵——天馬真的會遲到？」梨花不敢相信地嘟囔着。

大約又等了十幾分鐘，遠處傳來搧動翅膀的聲音。一片陰影在花園的院子裏劃過，緊接着，一個高大的怪獸降落在我面前。

我不停地眨着眼睛，不敢確定站在我面前的是不是天馬。他的確很像天馬，有着駿馬的身體，背後是大大的翅膀。但是和傳聞裏一樣，他居然戴着一張奇怪的人臉面具，另外，他的尾巴看起來也是怪怪的。

「天馬？喵——」梨花猛地吸了吸鼻子，小聲嘟囔道，「怎麼感覺味道不太對呢？」

「是你叫的出租車？」「天馬」盯着我問。

「啊，是的。」我還沒從驚訝中回過神來，「你是天馬？」

「是的，我是天馬出租車。」「天馬」肯定地回答。

我皺起眉頭問：「可是，你怎麼變成這樣了？」

「變樣？」「天馬」吃驚地看着我。

我發現，那張人臉似乎不是面具，它居然有表情。

「天馬」皺着眉頭問：「你見過我？」

「你不認識我了？」這下，我不是吃驚而是震驚了。

「天馬」似乎察覺到了甚麼，他慌張地轉身背對着我，含含糊糊地說了一句：「唔……我感覺有點不舒服，今天的預約只能取消了。」

說着，他搧動翅膀準備重新起飛。就在這時，梨花「喵嗚」一聲，跳上了他的後背。

「天馬」被梨花的舉動嚇了一大跳。他「嘭」地跳了起來，一雙眼睛驚恐地看看後背，又看看我。

「下去！快下去！」他拚命扭動着身體，想把梨花甩下去。而梨花就像一個帥氣的牛仔，前爪死死抓住了「天馬」脖子上的鬃毛，怎麼也不撒手。

沒辦法，「天馬」騰空飛起。他猛地鑽進夜晚的烏雲，又垂直衝下來，即便是這樣，他也沒能成功把梨花甩掉。但我看得出來，梨花已經快被他晃暈了。她掛在「天馬」的脖子上，一副眼冒金星的模樣。

「喂！停下來，我們不會傷害你的！我保證！」我大聲對「天馬」說，「無論你是誰！」

「天馬」聽到了我的話，猶豫了一會兒，在半空中慢悠悠地轉着圈。終於，他重新降落在我面前。梨花像一灘融化的雪糕，從他的背上滑了下來，「啪」地癱倒在地上。「天馬」看起來也累得夠嗆，「呼哧、呼哧」地喘着粗氣。

「我知道你不是天馬，能告訴我你究竟是誰嗎？」我輕聲問。

假天馬警惕地看着我：「你先告訴我，你們是誰？」

「我叫李小雨，這隻白貓叫梨花。我們都是天馬的朋友。」

「怪不得你們一眼就看出我不是天馬。」他點點頭，「我還奇怪，你們是怎麼看出來的。」

「你和天馬的區別真的很大，熟悉天馬的人怎麼會看不

出來？喵——」梨花抖着腿從地上站了起來，「把你當作天馬的人一定沒見過真的天馬，要不然就是眼睛嚴重近視。」

聽到「近視」這個詞，我不高興地推了推鼻樑上的眼鏡。自從近視後，我雖然配了眼鏡，但一般上課才戴，今天為了看清天馬，才特意戴上的。

「我們有甚麼不一樣？」假天馬不服氣地說，「我們不是都長着馬的身體和大鳥的翅膀嗎？」

「但你們的臉區別太大了。天馬的是馬臉，你的臉看起來像人臉。還有尾巴……」梨花繞到假天馬身後，「天馬的是馬尾，你的尾巴分明是蛇尾。喵——」

「我不認為那是很大的區別。」假天馬板着臉。

「就是因為長得像，你才冒充天馬出租車的嗎？」我好奇地問。

「冒充？」我的話一下子就把假天馬激怒了，他大聲嚷嚷着，「怎麼能說我是冒充的？我孰湖飛得不比天馬慢，飛起來比天馬更平穩。而且，我最大的愛好就是載人，這在人類的歷史上都有記錄。明明是天馬搶走了我最喜歡做的事情，怎麼能說是我假冒他呢？」

「你是……孰湖？」我瞪大眼睛看着他。

梨花偷偷用爪子碰碰我的小腿問：「孰湖是甚麼？喵——」

我沒理梨花，接着問孰湖：「你是從《獸譜》裏出來的，對不對？」

我看《獸譜》的次數雖然沒有楊永樂多，但我也記得孰湖。因為這個怪獸實在太特別了。《獸譜》裏說，他「見人則搶而舉之」，意思就是，孰湖這個怪獸只要見到人，就會把人搶過來抱着。我之所以對他印象深刻，就是因為我從來沒見過比孰湖更喜歡人類、對人類更熱情的怪獸了。

「你知道我？」孰湖比我還吃驚。

「是的，我看過《獸譜》，裏面有關於你的記載。」我回答，「你是很特別的怪獸，非常特別。我看過很多怪獸的介紹，但是喜歡抱人的，只有你一個。」

「其實，和抱人相比，我更喜歡載人。你也看到了，我的馬蹄不太適合擁抱。」

「這個愛好倒是很獨特，喵——」梨花在一旁說，「我認識的怪獸，除了天馬，都不喜歡載人，甚至不太喜歡被人碰。」

「看來你們認識很多怪獸。」孰湖挑起眉毛問，「這裏生活着很多怪獸嗎？有崦嵫山裏的怪獸多嗎？」

「故宮裏的確生活着不少怪獸。不過我不知道崦嵫山在哪兒，也沒聽說有誰去過。大多數人都認為那只是神話傳說中的一座山。」我實話實說。

「崦嵫山當然存在。鳥鼠同穴山往西南方向再走三百六十里就是崦嵫山。它是西方第四列山系中的最後一座山。」孰湖說，「如果你們想去，我可以帶你們去。我飛半天就到了。那真是個好地方，景色漂亮極了。山上長滿了丹木樹，它們結的果實像西瓜一樣大，很好吃。」

「哎呀，真想去看看。」我的好奇心又冒出來了。

「你預約時間，我可以帶你去。」孰湖甩了下尾巴說，「我今天還有別的預約，要先走了。」

「等等！喵——」梨花攔在他面前說，「你還要繼續冒充天馬出租車嗎？就算再喜歡出租車的工作，你也不能當冒牌貨啊！你最好取消所有的預約，然後向大家道歉，說明原因！」

「道歉？」孰湖瞪大眼睛說，「我為甚麼要道歉？大家應該感謝我才對。如果不是我，很多人根本預約不到天馬出租車。就是因為我的出現，大家才有機會坐出租車。」

「雖然這樣說也沒錯，但是你明明可以做『孰湖出租車』，為甚麼非要冒充天馬出租車呢？喵——」

「我也想做孰湖出租車，誰願意冒充別人呢？可是……不行啊。」

「為甚麼不行？喵——」梨花追問。

「這個……這個我不能說。我不能和你們聊天了，下一個客人的預約時間要到了，再不趕過去我就要遲到了。」

說着，孰湖搧動着翅膀準備起飛。就在他起飛的一瞬間，一個巨大的白影從夜空中箭一般地衝下來，一雙馬蹄狠狠地踩在了孰湖的臉上。孰湖立刻發出一聲慘叫，他跌倒在地上，一對翅膀蓋住了眼睛。

天馬出現在半空中，他潔白的翅膀閃着朦朧的光。盤旋一圈後，他平穩地降落在慈寧宮花園裏。

「我找你很久了。」天馬狠狠地盯着孰湖，我從來沒見過他這麼生氣。天馬在我面前總是那麼和善，但是，此時的他身上帶着可怕的威嚴，讓我想起他曾經是傳說中的戰神。

「嗚……我的眼睛疼死了。」孰湖一邊呻吟着，一邊把翅膀從眼前拿開。他的兩隻眼睛周圍各添上了一圈馬蹄形的黑眼圈。

「對於你這種損壞我名聲的冒牌貨來說，這點懲罰已經算是很輕了。」天馬不客氣地說。

「你就是天馬？」孰湖勉強睜開一隻眼睛，上下打量着天馬，「沒想到你是這麼粗野的怪獸。」

「粗野？你這個騙子居然還敢說我粗野？」

天馬的眼睛裏開始冒火了，他搧動翅膀，準備繼續教訓孰湖。在這個關鍵時刻，我站到了兩個怪獸的中間。

「喂！故宮裏不是打架的地方。」我叉着腰對天馬說，「我覺得你把氼湖揍一頓根本解決不了問題。」

「揍他雖然解決不了問題，但是可以解氣！」天馬氣呼呼地說。

「是的，可是解氣的代價是……」我指了指草叢。

不知道甚麼時候，梨花溜進了草叢裏，無聲無息地拿出她的微型相機，「咔嚓、咔嚓」地快速按着快門。

我湊到天馬耳邊說：「如果你明天不想在《故宮怪獸談》上看到『天馬大戰氼湖』的頭條新聞，你現在最好能冷靜一點。」

這招真管用，天馬立刻就冷靜了下來。他忽閃了下翅膀，捲起的風把草叢裏的梨花掀翻了幾個跟頭。

「看在小雨為你求情的面子上，我給你一個解釋的機會，你為甚麼要冒充我？」天馬威風凜凜地看着氼湖。

「我也不想冒充你。」氼湖沒精打采地說，「但是……我沒法做自己的出租車——氼湖出租車。」

「為甚麼不行？」

「不行就是不行。」

「呵呵，」天馬冷笑着說，「原來，你一開始就打算做冒牌貨。」

「不是的！」氼湖着急了，「我不用自己的名字做出租

車，是怕龍知道後讓我回到《獸譜》裏！」

這個回答出乎我們的意料。

「《獸譜》封印被破壞，這可是幾百年來難得的機會。我一定要抓緊時間，多做點自己喜歡的事情。」孰湖挺直脖子說。

一陣沉默，大家都沒說話。我有些同情孰湖，自由對誰來說都不容易，就算他是一個怪獸。

「好吧，我明白了。」天馬打破了沉默，「我會去請求龍大人，讓他同意你在故宮做幾天出租車。不過，你可別闖禍。」

「我從來不會闖禍！」孰湖興奮地說，開心地笑了。

「是嗎？」天馬苦笑了一下，「跟我來，我先來帶你認識一下主要道路，這樣你才不會帶着客人到處兜圈子……」

他轉身，朝着故宮深處走去。孰湖跟在他身後，像個小學生一樣專心地聽他講解着故宮的情況。沒過多久，這兩個怪獸的影子就消失在了濃濃的夜色中。

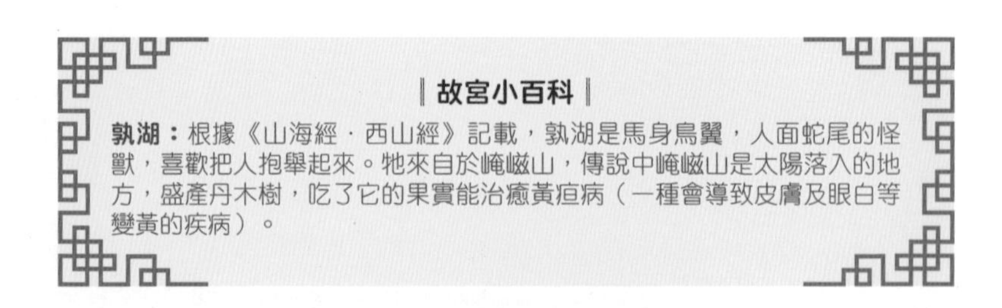
故宮小百科

孰湖：根據《山海經．西山經》記載，孰湖是馬身鳥翼，人面蛇尾的怪獸，喜歡把人抱舉起來。牠來自於崦嵫山，傳說中崦嵫山是太陽落入的地方，盛產丹木樹，吃了它的果實能治癒黃疸病（一種會導致皮膚及眼白等變黃的疾病）。

9
燕喜堂裏的蝴蝶

深秋的黃昏，當最後一抹夕陽斜斜地照在宮牆上，讓紅牆比火焰還要耀眼的時候，我看到一隻大大的蝴蝶從燕喜堂裏鑽了出來，在半空中自在地飛舞。

蝴蝶搧動着黑色的翅膀，翅膀上面有彩霞般的斑點。牠悠悠地在院子裏飛來飛去，一會兒飛到我的身邊，一會兒又飛到燕喜堂的牌匾上。

整座養心殿都在整修，燕喜堂也不例外。所有宮殿的大門都敞開着，方便維修的工人和專家們出入。所以，燕喜堂鑽進去一隻蝴蝶，在這樣的季節一點都不奇怪。

我瞇起眼睛看着牠，牠真是一隻漂亮的蝴蝶。尤其在

這夕陽映襯下，牠翅膀上的顏色更加耀眼。蝴蝶好像發現我在看牠，居然輕輕落在了我的肩膀上。

我先是吃了一驚，緊接着又有點害怕。我還記得去年楊永樂差點被《百蝶壽字圖》裏的蝴蝶們變成蝴蝶的事情。在故宮裏，哪怕對最微小的生物，你也不能掉以輕心，尤其在太陽落山以後。

我心跳得厲害，繃緊了身上所有的神經，希望蝴蝶能自己離開。蝴蝶在我身上待了一小會兒，翅膀一張一合的。然後牠輕盈地飛了起來，消失在暮色之中。

我鬆了一口氣，發現空蕩蕩的院子裏只剩下我一個人了。

這隻蝴蝶有點奇怪。怎麼說呢？牠給人的感覺不像是一隻蝴蝶，反而像一個嬌媚的女子。這讓我十分好奇，牠

莫非藏着甚麼祕密？

天黑了，養心殿裏華燈初上。我來這裏本來是要幫院子裏的刺蝟家族搬家的。建築材料堆滿了院子，刺蝟們已經無處藏身。但刺蝟們比我想像中能幹得多，牠們背起自己的全部家當，在天黑之前就轉移到永壽宮去了。看到牠們安全轉移，我也要離開了。

經過養心門的一瞬間，一個嘶啞的聲音叫住了我：「這麼着急，要去哪裏啊？」我一下子停住了腳步。養心門的石階前，站着一個身穿旗裝的女人。她看起來不到二十歲，身上黑色的旗袍上有彩霞般的花紋，頭上戴滿了漂亮的珠翠首飾。不知道是不是因為化了妝，她的皮膚在黑暗中閃閃發光，嘴脣紅紅的，眼睛漆黑明亮。

我吃驚得結巴起來：「你，是、是誰？」

「你能聽懂我的話？」女人快樂地笑了起來。她笑起來很好看，讓人想起夏天燦爛陽光下的向日葵。

「那能不能告訴我，你要去哪裏呀？」

「去吃晚飯。」我低聲回答。

「吃飯啊，你是哪個宮的宮女？你們是吃宮裏小廚房做的飯，還是吃御膳房送的菜？」

「我……不是宮女。這裏不再是皇宮了。」我猜到了些甚麼，「你曾經是一個宮女嗎？」

女人聽到我的回答，又笑了起來：「你真會說笑話啊！紫禁城不是皇宮，哪裏是皇宮呢？」

我愣住了，一時間不知道該怎麼和她解釋。

「不過，看起來你真的不是宮女啊，否則你怎麼會以為我是宮女呢？」她簡直像說夢話一樣，「如果是宮女，應該一眼看出我是一名妃子啊。」

「妃子？」我愣住了，「你是哪位皇帝的妃子呢？」

被我這麼一問，女人的臉紅了：「皇上的名號怎麼能隨便叫呢？那是殺頭的大罪。我是乾隆朝的貴人，封號『福』。」

「哇！你是真正的皇妃呢！」我上下仔細打量着福貴人，原來乾隆皇帝的妃子是這樣的啊！

福貴人「咯咯咯」地笑了，她可真愛笑。

「是啊，我是乾隆二十八年十月初三進宮的。那時候，我還不到十七歲，一進宮就被封為福常在。皇上總說我一臉福相。」福貴人自顧自地說，臉上的笑容更甜了，「我進宮後不滿六個月，皇上就封我做了貴人。其他和我一起進宮的姐妹都可羨慕了。」

「看來皇上很寵愛你啊。」

「是啊。」她的臉上泛起了兩朵紅霞，「你知道嗎？我進宮五個月的時候，皇上曾經偷偷告訴我，等到秋天的時

候，就會讓我住進順山殿。這可是天大的恩典啊。」

「順山殿在哪兒啊？」我問。我怎麼沒聽說過有這麼一座宮殿呢？

「就是這兒啊。」她指着燕喜堂說，「我進宮的時候這裏叫作順山殿。」

我有點奇怪：「燕喜堂有甚麼好的？那麼小，比東六宮和西六宮的很多宮殿小多了，佈置也沒那些宮殿豪華。」

「這你就不懂了，順山殿可是最高貴的宮殿。」福貴人鼓起嘴說，「只有皇上最寵愛的嬪妃才可以住在那裏。我進宮的時候，只有容嬪偶爾能住在那裏。她是和卓族的人，她的父親是第二十九世回部台吉阿里。我給皇后請安的時候見過她，她真的很美，皮膚雪白，皇上可喜歡她了。」

我睜大了眼睛：「哦，我知道她，她是大名鼎鼎的香妃，是從新疆來的。」

「香妃是誰？我可從沒聽說過。我只知道容嬪，不過她身上的脂粉味道是很香。」福貴人搖搖頭說，「我的家族不如她，我父親不過是個不入流的小官，沒有甚麼依靠。選秀的時候，是因為皇上喜歡我，才把我留下來的。像我這種身家背景的人，住進順山殿是想都不敢想的事情。如果不是皇上親口告訴我，我絕對不敢相信。」

福貴人臉上揚起了幸福的微笑：「皇上雖然已經過了

知天命的年紀，不過啊，依然很英俊呢。每次他來後宮看我，我的心就『咚咚』地跳個不停。他懂得可多了，宮裏的女子都愛慕他。和我一起進宮的姐妹那麼多，他偏偏最喜歡我。」

知天命？那不就是五十多歲了嗎？我吐了吐舌頭。我可想不出五十多歲的男人能帥到哪裏去。我爸爸才四十多歲，就有好多皺紋和圓鼓鼓的啤酒肚了。

「後來呢？你住進去了嗎？」

她聽我這麼問，忽然呆住了，眼睛忽閃着眨了半天。「我……不記得了。」她輕聲說，「我只記得那年七月，我跟着皇上去避暑山莊避暑。有一天，我陪着皇上遊船，大朵大朵的荷花開滿了水池，別提多好看了。皇上讓人去給我摘荷花，可是我偏偏想自己摘，結果一不小心，沾了一身的水，晚上就發燒了。這之後啊，我就昏昏沉沉的，再後來發生了甚麼事情，我就一點都不記得了。」

「難道你高燒造成了腦部傷害，導致了失憶？」我問。

「你怎麼老說我聽不懂的話？甚麼是失憶啊？」她好奇地看着我。

「失憶就是失去記憶。」我解釋給她聽，「電影裏有好多人都是這樣，遇到車禍或者發高燒就失去以前的記憶了。」

「那甚麼是電影呢？」

這下，連我都不知道該說甚麼了。向一個二百多年前的妃子解釋甚麼叫電影，這可實在太難了。

「嗯……電影就像你們看的戲。好了，不提它了，反正你明白失憶是怎麼回事了吧？」

「有點明白了。」福貴人點點頭說，「可能我就像你說的那樣，反正發燒後的事情我甚麼都想不起來了。甚麼時候從避暑山莊回到京城，有沒有被皇上召到順山殿，皇宮裏又發生了甚麼……我一點印象都沒有了。直到有一天，我睜開眼睛的時候，發現自己就待在順山殿裏……」

「你真的住進去了？」我有些替她高興。

「算不算是住進去呢？」她卻一臉迷茫，「我的確是待在順山殿裏，但好像並不是住進去。因為啊，我是飛在半空中的。我飛到銅鏡前，發現不知道甚麼時候啊，自己已經變成一隻蝴蝶了。」

「蝴蝶？」我的眼睛瞪圓了。

「是啊，蝴蝶。」福貴人點點頭，頭上的珠翠「嘩嘩」直響，「我第一次睜開眼睛的時候就發現了。而且那時候，住在順山殿和養心殿裏的人我居然一個都不認識了。就連皇上也變了樣子，已經不是我的皇上了。」

「然後呢？」

「然後，我覺得頭暈就又睡着了。等到我再醒來的時候，發現順山殿變了模樣，掛上了『平安室』的牌匾。住在裏面的是一位很受寵的嬪妃，皇帝經常讓她幫忙看奏摺。」

「啊，那可能是後來的慈禧太后。我聽說她當妃子的時候，曾經在燕喜堂住過很長時間。」

「我不太喜歡她。」福貴人說，「這次我只醒了一天，然後就又睡着了，等到再醒來時，屋子裏空蕩蕩的，甚麼人都沒有。『平安室』的牌匾變成了『燕喜堂』，這裏好像已經不再住人了。不光是燕喜堂，連養心殿裏都沒有人了。我飛了一圈覺得無聊，就又睡着了。等到再醒來的時候，我就看到你了。」

「你變成了蝴蝶，自己不覺得吃驚嗎？」我問。

「一開始挺吃驚的，不知道自己為甚麼會變成蝴蝶，但後來就習慣了。」

「這種事情也能習慣？」

「嗯。」她點點頭，「因為變成蝴蝶的不止有我啊！燕喜堂碧紗窗上的每一隻蝴蝶，都是曾經生活在皇宮裏的女人。她們都像我一樣，做夢都想得到皇上的愛情，成為這間宮殿的主人。」

「居然有這樣的事情……這也太動人了。」我長長地歎

了口氣。就在這時，一個不可思議的聲音從養心殿的院子裏傳了出來，聽上去像是小鳥婉轉的叫聲，但仔細聽聽，又像是笑聲或歌聲。

「哎呀呀，我要走了。」一聽到這聲音，福貴人就着急起來，「大家都在等我呢！」

沒等我說甚麼，她已經「呼」地變成了蝴蝶，搧動翅膀朝院子裏飛去。我跟在她身後，胸口「怦怦」地跳着，悄悄地回到院子裏。

院子裏，是一片意想不到的景象。

不知道甚麼時候，這裏變成了一片梅園。梅樹一棵緊挨一棵，每一棵都開滿了密密匝匝的花。天空懸着一輪黃色的月亮，一陣風吹過，搖動着樹枝，發出沙沙的響聲。梅花的花瓣如下雨般飛落。更令人想不到的是，讓人眼花繚亂的蝴蝶們，在梅花上無聲地飛舞着。每一隻蝴蝶都是黑色的翅膀，上面有五彩的斑點。

忽然，所有的蝴蝶都變成了美麗的少女。她們穿着一樣的長裙，看上去宛如蝴蝶精靈。她們一邊大聲地笑着，唱着歌，一邊在月光中歡快地舞蹈。

我如同走進了夢裏，連大氣都不敢喘，出神地望着那些少女的臉。她們看起來都是如此美麗，臉龐閃閃發光，快樂無比。

我悄悄退出了養心殿，沒有打攪她們。

回到媽媽的辦公室，我做的第一件事就是從書架上翻出了《清史稿》，在裏面尋找乾隆嬪妃的資料。終於，我看到了福貴人的名字：「福貴人，生年不詳，生辰為正月十九日。乾隆二十八年十月初三封福常在。乾隆二十九年三月二十二晉福貴人。八月初五福貴人發病死於承德。十一月二十六日收福貴人遺物。乾隆三十年閏二月初二葬入裕陵妃園寢。」

我這時候才明白，福貴人根本沒有失憶。她進宮還不到一年，年輕的生命就消逝在那深深的宮廷中。她心中懷着美好的愛情，變成了燕喜堂碧紗窗上的蝴蝶，飛舞在梅花之上。因為燕喜堂是皇帝最寵愛的人才能住的地方，想必無論哪一位皇帝在走進那裏時，眼睛裏都會盛滿愛意吧。

不知道為甚麼，我有點替蝴蝶們傷心。

故宮小百科

燕喜堂：燕喜堂是養心殿後殿的西耳房（在主房屋旁邊加建的小房屋，猶如主房屋兩側的耳朵），明代稱「臻祥館」，清初無正式命名，僅稱「西耳房」「順山殿」等，咸豐二年（1852年）起稱為「平安室」，同治九年（1870年）才改名「燕喜堂」。雍正七年（1729年），燕喜堂的室內重新裝修，成為皇帝居於養心殿時妃嬪隨侍的居所。

燕喜堂的室內裝修以蝴蝶、梅花為主要題材，在碧紗櫥、炕罩、欄杆罩上都可以看到千姿百態的蝴蝶紋飾。蝴蝶色彩鮮豔、身姿輕盈，被人們視為美好、吉祥的象徵。在故宮不少文物中都可看到蝴蝶紋飾，但其作為室內裝修的題材則不多見，可見燕喜堂的室內裝修確實是別具一格。

10
狐仙集市上的推銷員

結束了一天的學習，我好不容易擠上了一輛去故宮的公共汽車。車廂裏塞滿了筋疲力盡、臉色難看的大人們，每個人都在努力維持着自己身體的平衡。正是堵車的時段，公共汽車每走幾米就要被踩下剎車，於是，車廂裏的乘客就會齊刷刷地朝着同一個方向倒去。

我被公共汽車搖晃得雙手發抖，腦袋犯暈。「唉，甚麼時候我家才能買輛車呢？」我心裏嘀咕着。不過就算我家買了車，爸爸、媽媽也不會有時間開車送我上學、接我放學。所以，要是我會開車就好了，駕駛着自己的車上學、回家，一定是超級幸福的事情。

公共汽車到站了，我也甩掉了腦袋裏異想天開的念頭。畢竟，在中國只有滿十八歲才可能拿到駕駛執照，而十八歲離我還那麼遙遠。

公共汽車站台附近都是發小廣告的人。他們擠在排隊的人羣裏，一邊吆喝着，一邊散發着手裏的傳單。

「五萬元一平米的商品房，市中心的位置！」

「美容中心新開張，開業大酬賓了！」

「二手房了解一下嗎？」

「游泳、健身了解一下！」

…………

我飛快地擠過人羣，離開了促銷員們。但我不可能遠離廣告，因為大街小巷到處都是廣告。哪怕你在樓裏等電梯，旁邊的小螢幕裏也不停地閃現着各種廣告：乳酪棒、二手車、脫髮治療……不管你需不需要，廣告總是無處不在。

只有一個地方例外，那就是故宮。所以，每次走進東華門，我都會長舒一口氣，離開了那些洗腦的廣告，我的頭腦終於再次屬於自己了。

今天的作業不多，我和楊永樂都早早地寫完了作業。吃過晚餐後，我們決定去寶相花街轉一轉。自從幾天前，孰湖假冒天馬出租車的事情解決後，我們還沒去過那裏。

我很想去看看，孰湖的那個出租車預約郵箱還在不在。

我們走進御花園的時候，寶相花街還沒有開始營業。狐仙集市上的動物攤主們正在金色的夕陽下忙碌着，為開張做着準備。

我和楊永樂坐在天一門前的台階上，看着他們把商品整齊地擺上攤位，把一串串的彩燈掛起來。

終於，天黑了。狐仙集市一下子熱鬧起來，小彩燈在半空中閃着迷人的光芒，攤主們大聲吆喝着自己的商品，爭搶着顧客，和那些散發小廣告的促銷員沒甚麼不同。但是，他們賣的商品可有趣多了，都是適應時節的手工製品，比如用菊花做的香皂、新上市的銀杏果仁雪糕、菩提子手串……最重要的是，這些東西價格都不貴，我和楊永樂也可以買得起。

我和楊永樂都買了銀杏果仁雪糕。圓圓的雪糕球被放在金黃色的銀杏葉上，冰涼甜爽，裏面還裹着烤得脆脆的銀杏果仁，可真好吃！

我們正享受着雪糕的美味，一個怪獸突然出現在我們面前，一動不動地看着我們。

「你想幹甚麼？」楊永樂嚇得差點把雪糕掉到地上。我心裏也有些發怵。

這個怪獸我們從來沒見過，他長得很像狐狸，但體形

比狐狸大得多。他的後腦勺上長着一根角，後背上長着兩根角，皮毛是金黃色的，四肢很強壯，一看就知道他非常善於奔跑。

「晚上好。」他的聲音乘着夜風傳來，混雜在狐仙集市吵鬧的背景音中。

「晚上好。」我本能地回應道，「你是誰？」

「我是乘黃。」怪獸回答。

「你有甚麼事？」楊永樂也恢復了平靜。

「我來賣東西。」乘黃很有禮貌地說，「請問，你們叫甚麼？」

楊永樂似乎想阻止我，但那時候「我叫李小雨……」這句話已經溜出了我的嘴。

「很好，李小雨小姐。那麼你呢？」乘黃接着問楊永樂。

「我叫楊大樂。」楊永樂隨口編了個名字。

我奇怪地看着他，不知道他為甚麼要這麼做。趁着乘黃不注意的時候，他小聲在我耳邊說：「不要隨意告訴別人你的名字，尤其是在有魔法的世界，書裏都這麼說。」

我瞪了他一眼：「為甚麼不早告訴我？」

乘黃退後了幾步，然後微微彎曲膝蓋向我們行了個禮：「我很高興見到你們，李小雨和楊大樂。你們是故宮裏

第一次親眼見到乘黃的人類。乘黃將改變你們的生活，乘黃會讓你們驚喜不斷……」

「等等！」楊永樂打斷了他，「你剛才說你要賣東西，你叫乘黃，你要賣的東西也叫乘黃嗎？」

「是的。」

「你要賣的難道是……你的孩子嗎？」

「不，楊大樂先生，我還沒有孩子。」乘黃回答。

「那故宮裏還有其他叫乘黃的東西嗎？」

「我們這類怪獸非常少見，這座宮殿裏應該只有我一個乘黃。」

「你……」我大吃一驚，「難道，你是……在賣你自己？」

「沒錯，就是這麼回事。我保證，你們絕不會後悔買了我。我價格合理，服務周到。我馬上就會讓你們看到我的本領。現在，請坐到我的背上來。」

我還在猶豫，楊永樂已經一口吞下剩下的雪糕，邁腿跨坐在乘黃的背上。

「兩個人是不是有點重？」我小聲問。

乘黃搖搖頭說：「不用擔心，我的最大載重是兩位成年人，你們並沒有超重。」

「上來吧！看看他到底有甚麼本事。」楊永樂催促我。

我慢騰騰地坐到楊永樂身後，心裏卻有種不太好的預感。

「請抓穩我身上的角。」乘黃提醒我們。

我們乖乖地抓好他身上的角，乘黃就「嗖」的一聲飛上了天空。他幾乎垂直地升上高空，然後在黑暗的夜空中轉了個圈，還沒等我看清周圍的夜色，就又垂直地衝了下來。他衝到太和殿的屋頂，又飛速衝到午門外，緊接着就閃電般地衝回了御花園。

等到我和楊永樂從他身上爬下來，我們只剩下嘔吐的力氣了。我和楊永樂一人抱着一棵大樹，把所有的晚飯和剛剛吃下去的雪糕都吐了出來。

「哦，天啊。」我倒吸了一口涼氣，「這是我最糟糕的飛行體驗了，比坐過山車還可怕。」

「他到底想幹嗎？」楊永樂無力地坐在地上，「難道是專門來害我們的嗎？」

「我真是被他嚇死了。」我臉朝天，大口地呼吸着新鮮空氣。

「我也是。」

就在我們慶幸自己還活着的時候，乘黃卻得意地看着我們問：「怎麼樣？感覺很不錯吧？我聽說這座宮殿裏有天馬出租車，但非常難預約到，完全供不應求。所以，

你們想不想擁有一輛自己的坐騎？我打聽了一下，你們這個時代似乎稱坐騎為汽車。有一輛汽車的話，無論去哪裏都……」

「我們當然希望有輛自己的汽車。」楊永樂打斷他說，「但是你說的那輛『車』不會就是你吧？」

「沒錯。我是非常好的坐騎，也會成為非常好的『汽車』。」乘黃點着頭說，「你看我身上的角很方便大家扶穩，無論我怎麼飛，你們都是安全的。另外，我的速度很快，你們剛才肯定也體驗到了，我可以在幾秒鐘內帶你去這座宮殿裏的任何地方。當然，對一些地方我還不太熟悉，不過我會儘快背下這裏的地圖。」

「你吃甚麼？」楊永樂好奇地問。

「以前在白民國，我比較喜歡吃白玉……」

我發出了一聲慘叫：「乘黃，我們不會買你的，也買不起。我們沒有白玉餵你吃。」

「關於我的食物，你們不用擔心，我會自己種些白玉食用。」乘黃的聲音中透着十足的自信，「這麼好的機會你們千萬不要錯過。」

「他說的白玉可能是一種植物，而不是我們知道的玉石。」楊永樂小聲和我說。看得出，他對擁有一個怪獸這件事還是挺感興趣的。

「我們要付多少錢呢？」他眨巴着眼睛問。

「我想一錠金子就夠了。」乘黃說。

「一錠……金子？」楊永樂像個漏了氣的氣球，「好吧，我們真的買不起你。」

他拍拍屁股站了起來，順手也把我從地上拉了起來：「你還是問問別人吧。比如故宮裏那些動物，你可千萬別小看牠們，牠們有的看起來髒兮兮的，實際上比我們有錢。」

我們走出狐仙集市，穿過坤寧門準備離開。可是，一路上乘黃都跟在我們身後，一點都沒有要離開的意思。

「我們不會買下你的，也沒錢買你。」我堅決地說。

「不，你們拒絕不了我。我會成為你們不可缺少的坐騎。」乘黃語調不變地說。

「天啊！難道你纏上我們了嗎？」

「我會陪你們到買我為止。據我所知，我的壽命比普通人類要長得多。」乘黃身上的毛髮在微風中抖動着，「你們將發現，在夜晚的故宮，擁有乘黃是多麼重要。你們甚至會想，為甚麼我沒能早點出現。」

我慢慢吐出一口氣，說：「乘黃，我們買了你才是瘋了呢！我們倆一個月的零用錢加起來才不到五十塊，拿甚麼來買你呢？」

「你們可以分期付款，直到付夠了一錠金子的價格為

止。這期間我都會為你們服務的。我不太清楚你們這裏的貨幣價值，要是換算成銅錢的話，我可能還比較清楚……」

「乘黃，這不僅僅是錢的問題。」我覺得我必須說得更明白一點了，「我們真的不需要一個怪獸當坐騎。」

「放心，我會慢慢向你們展示我的優點，除了當坐騎，我還會很多其他本領。」

我看看楊永樂，他卻一臉壞笑地看着我，不知道心裏在想甚麼。我和楊永樂在西長街的路口分手。然後，我頭都不回地在黑暗中奔跑，快步朝着西三所的方向跑去。

我希望乘黃能看懂臉色，去跟着更喜歡他的楊永樂，而不是跟着我。但乘黃卻做出了錯誤的選擇，他在猶豫了一秒鐘之後，就快步跟上了我，一直跟着我進了西三所。

「你不能進去！」我擋在他面前，「我媽媽看到你一定會瘋掉的。」

「成年人類嗎？他們一般還挺喜歡我的。」乘黃睜大眼睛看着我。

「喜歡你？那是甚麼時候的事情？」

「大約一千年前吧。」

我撇了撇嘴：「現在他們已經不喜歡怪獸了，我想大人們看到你只會覺得害怕。」

「會這樣嗎？」乘黃轉了轉眼珠，似乎在思考，片刻後，他接着說，「那好吧。我會等在門口，你需要我的時候，我會立刻出現。但是天亮以後，我就不得不離開了，因為故宮裏好像有怪獸不能在白天出現的規定。不過不用擔心，明天晚上天一黑我就會來找你的。」

「明天晚上你能不能去找楊永樂？那個男孩更喜歡你。」

「不，我覺得你比他有錢。他再喜歡我，沒錢買下我也不行。」

「哦……不。」我絕望地關上屋門。

整個晚上，我滿腦子都在想，怎麼才能甩掉這個黏人的怪獸，卻一點辦法都沒想出來。但第二天睡醒以後，我忽然想到一個好主意：只要我不出現在故宮裏，乘黃找不到我，自然會去找楊永樂。

那天下午放學後，我坐了半個多小時的公共汽車回到自己家。當躺在柔軟的小牀上時，我長長地舒了口氣。這下，乘黃找不到我了吧？

天已經黑了，窗戶外，圓圓的月亮升了上來。我半躺在牀上看小說，突然聽到「咚咚」的聲音，轉頭一看，乘黃正在敲我房間的玻璃窗。

這可是十樓啊！

我把窗戶打開一條縫，秋夜的風「嗖」地吹了進來。

月光照在乘黃金色的後背上閃閃發光。

他平靜地說：「可算找到你了。」

「你怎麼找到我的？」

「乘黃絕對不會弄丟自己的主人，因為他的鼻子很靈。」

「我不是你的主人，我並沒有把你買下來！」我的心裏一片冰涼。

「在我看來，你已經是我的主人了，付錢只是早晚的事。」乘黃這樣回答。

「為甚麼一定是我？」我絕望地問。

「你是我選擇的第一位顧客。如果失敗了，我會很沒有面子。」乘黃回答，「你打算去故宮嗎？我可以載你去。」

看來我是甩不掉他了。我打算先不去想自己錢包的狀況，而是暫時接受眼前的事實。我小心翼翼地跨坐在乘黃的後背上：「好吧，那你就帶我去故宮吧！不過，這次一定要穩當一點。」

「遵命！」乘黃點點頭，「嗖」地衝進了夜空。

如果不是他速度過快的話，這應該是一次不錯的飛行。我本來應該能看到城市星星點點的燈火、漂亮的霓虹燈、泛着波浪的北海……但是，我並沒有來得及看到這些景色。因為，短短的兩分鐘之後，我們就到達了故宮。一切景色都如閃電般在我眼前閃過，而我則努力讓自己別吐出來。

「怎麼樣？速度快吧？」乘黃得意地看着我，「乘黃總是能最快地把你送到目的地。」

他停在太和殿前，看着我晃晃悠悠地從他身上滑下來。

終於安全了！我看看自己的手，因為剛才抓他後背的角抓得太緊，上面已經勒出了紅印。不行，我要去找斗牛幫忙。雖然腿已經軟了，我還是堅持朝着雨花閣的方向走去。乘黃則一直跟在我身後。

「你還要去哪兒？李小雨小姐，我送你去。」

「不用了，真的不用了。」我堅定地拒絕，「我想自己走走。」

我花了很長時間才走到春華門。幸運的是，我一進門就看到了斗牛，看樣子，他正準備出門。

「小雨，你找我有事嗎？」

我使勁點了點頭：「我需要你的幫助。我被一個怪獸黏上了。」

「怪獸？」斗牛看看我身後，乘黃也在很奇怪地看着他。

「哦，是乘黃。」斗牛壓低聲音說，「故宮裏沒有乘黃，他應該是從《獸譜》裏跑出來的。最近《獸譜》裏跑出來的怪獸真不少，這個星期我已經碰到四個了。不過，乘黃是和善的怪獸，不會對人類有甚麼危害。」

我湊到斗牛耳邊低聲問：「你會讓他回到《獸譜》裏的，對嗎？」

「當然，他本來就該回到那裏去。但是，如果你想讓他多留一段時間，也不是不可能。」

「不、不，我沒這種想法。」我趕緊說，「那我就把他交給你了。」

我轉身對乘黃說：「告訴你一個好消息！斗牛決定擁有

一個乘黃！」

「真的？這真是一個好消息，可惜我身邊沒有別的乘黃了。」乘黃遺憾地說。

「我覺得你就很合適。」

「可我已經屬於你了。」

「沒關係。」我大度地說，「反正我的錢也不夠，我決定把你轉讓給他。我希望你們的合作更愉快。」

在乘黃還沒有反應過來時，我已經飛快地跑出了春華門，沿着廷外西路朝故宮的大門跑去。謝天謝地，這次乘黃沒有再追上來。

我只能坐公共汽車回家了。公共汽車不緊不慢地在馬路上行駛着，速度比乘黃慢多了。不過，我卻很喜歡這樣的速度，我從來沒像今天這樣喜歡過公共汽車。

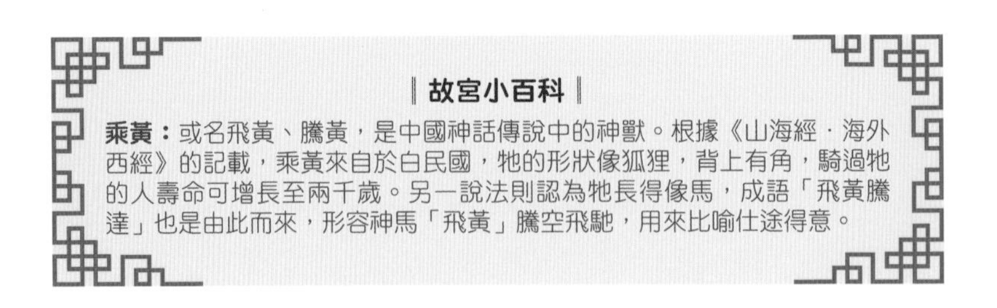

故宮小百科

乘黃：或名飛黃、騰黃，是中國神話傳說中的神獸。根據《山海經·海外西經》的記載，乘黃來自於白民國，牠的形狀像狐狸，背上有角，騎過牠的人壽命可增長至兩千歲。另一說法則認為牠長得像馬，成語「飛黃騰達」也是由此而來，形容神馬「飛黃」騰空飛馳，用來比喻仕途得意。